Robert Elger

Erntewunder trotz Wetterchaos

So passe ich meinen Gemüsegarten an

LV.Buch

Inhalt

Vorwort

Kein Mensch kann sagen, wohin uns der aktuelle Klimawandel führen wird. Eines ist jedoch sicher: Er ist da, und das stellt niemand mehr ernsthaft infrage[1]. Seit den 1960er-Jahren sind die Temperaturen mehr oder weniger alle 30 Jahre um 1 °C gestiegen. Seit dem Ende der Nachkriegszeit haben wir also 2 °C „gewonnen". Schlimmer noch: Diese Entwicklung setzt sich nicht nur fort, sondern scheint sich zu beschleunigen, und der Juli 2023 war der heißeste Monat, der auf der Erde je verzeichnet wurde.

Mehr als nur Erwärmung

Die Erwärmung an sich ist gar nicht allzu problematisch. Sie hat sogar – zumindest im Garten – gewisse Vorteile. Schwieriger ist, dass damit ein allgemeiner Klimawandel einhergeht, der über einfache Temperaturprobleme hinausgeht. Dies betrifft vor allem die Wasserversorgung, bei der wir uns in besorgniserregendem Tempo vom Überfluss hin zur Knappheit bewegen. Und umgekehrt! Hier sorgen sintflutartige Regenfälle für katastrophale Überschwemmungen, dort führt die geringe Luftfeuchtigkeit zusammen mit der extremen Bodentrockenheit zu verheerenden Waldbränden. Überall verursacht die Instabilität der Luft extreme Wetterphänomene – schwere Unwetter, heftigen Wind oder Sturm – und führt zu ungewöhnlichen Temperaturstürzen (deutlich außerhalb des langjährigen Mittels) oder im Gegenteil zu unerträglichen Hitzeperioden. Ganz zu schweigen von den Folgen, die der gegenwärtige Klimawandel für die Menschen bedeutet, die bereits jetzt – und erst recht in Zukunft – ihr Dorf, ihre Region oder sogar ihr Land verlassen müssen. Die Problematik der Klimaflüchtlinge geht sicherlich weit über die Schwierigkeiten hinaus, die der Klimawandel für unseren Garten bedeutet.

[1]. Je nach Quelle sind sich heute 97 bis 99,9 % der Wissenschaftler einig darin, dass der Klimawandel menschengemacht ist.

Regionale Unterschiede

Es gibt dabei jedoch durchaus geografische Unterschiede. In Südeuropa und im Mittelmeerraum ist der Wassermangel bereits chronisch, während es in Skandinavien genug Wasser gibt. Frankreich liegt dabei in einem Bereich zwischen zwei Extremen – auch wenn die jüngsten meteorologischen Aufzeichnungen die klassische klimatische Zäsur zwischen den Gebieten südlich und nördlich der Loire bestätigen. Wetteraufzeichnungen und Dürremonitore zeigen, dass auch Deutschland in den vergangenen Jahren zunehmend von extremer Bodentrockenheit betroffen ist, insbesondere in Teilen der nördlichen und östlichen Bundesländer. Trotz der relativ begünstigten geografischen Lage beider Länder ist ihr traditionelles Landwirtschaftsmodell gefährdet, und die bisher gegen den Klimawandel unternommenen Anstrengungen sorgen für große Uneinigkeit, sowohl unter den Landwirten als auch in der übrigen Bevölkerung.

Sonderfall Gemüsegarten

Nicht bewässerte Kulturen – welche global betrachtet die Norm sind – richten sich nach dem jährlichen Niederschlagszyklus. Bei weniger als 200 mm Regen pro Jahr wird es allerdings schwierig, ohne Bewässerung etwas anzubauen. Nun ist es im Gemüsegarten per se üblich, die Pflanzen zu gießen, sodass die Auswirkungen des Klimawandels hier paradoxerweise etwas weniger zu spüren sind. Und vor allem kann man ihnen einfacher begegnen! Die Risikofaktoren sind bekannt: starker Frost im Winter, Temperaturschwankungen im Frühjahr sowie Hitze und Trockenheit im Sommer. Es ist an uns, uns darauf vorzubereiten, unter anderem mithilfe der Wettervorhersage, die trotz einiger Irrtümer zum unverzichtbaren Hilfsmittel des Gärtners geworden ist. Eine veränderte Anbauweise, die Auswahl anderer Sorten, ein angepasster Gartenkalender – all dies sind Möglichkeiten. Es lohnt sich, diese auszuprobieren, damit wir auch weiterhin das ungetrübte Vergnügen haben, Gemüse, Kräuter und Obst im eigenen Garten zu ziehen.

2019 bis 2023: Ein kurzer klimatischer Überblick

Wirkungsvolle Maßnahmen gegen den aktuellen Klimawandel zu ergreifen ist keine Kleinigkeit. Um mir einen Überblick zu verschaffen, führe ich seit über 20 Jahren akribisch Buch über meinen Gemüsegarten. Alle 14 Tage notiere ich darin die Wetterlage – Temperaturen, Niederschläge, klimatische Besonderheiten usw. – sowie die Daten von Aussaat und Ernte. Nicht zu vergessen die unvermeidlichen Misserfolge! Meine Aufzeichnungen der Jahre 2019 bis 2023 zeigen, dass dies alles in allem gute, lohnende Gartenjahre waren!

Im Zeitalter des Klimawandels

Natürlich war dieser Erfolg kein Selbstläufer, und es war auch nicht alles perfekt. Schwierige Bedingungen, vor allem die sommerlichen Hitzeperioden und der Trockenheitsstress in den Jahren 2020 und 2022, haben sich auf die Größe des Gemüses ausgewirkt, das sich oft nicht recht entwickeln wollte. Übrigens ohne dabei an Geschmack zu verlieren! Im Gegenteil, durch die hohe Sonneneinstrahlung war eine maximale Zuckersynthese gewährleistet, und durch das spärlich vorhandene Wasser waren Geschmacks- und Nährstoffe besonders konzentriert.

Mir hat es nie an Gemüse, Würzpflanzen und Obst gefehlt, selbst während der berühmten „Durststrecke“ im April und Mai, wenn die Vorräte des Winters zur Neige gehen und die neuen Kulturen des Frühjahrs noch nicht erntereif sind.

Jeder Garten hat seine Eigenarten

Mein Garten liegt im Elsass – dort herrscht ein gemäßigtes kontinentales Klima, das für Frankreich wie auch für Deutschland als Durchschnitt betrachtet werden kann. Die Nähe zum Rhein – ich lebe in 2 km Entfernung zum Fluss – bringt mir zwei Vorzüge: Zum einen liefert der geologisch betrachtet junge Lehm relativ gute Gartenerde, zum anderen liegt in weniger als 4 m Tiefe der Oberrhein-Aquifer (grundwasserführende Schicht), durch den ich leicht Zugang zum benötigten Wasser habe. Weniger angenehm ist, dass unter der etwa 20 bis 30 cm dicken Ackerkrume eine Unterbodenschicht liegt, die fast vollständig aus Kieseln und Kies besteht, sodass die obere Bodenschicht rasch austrocknet. Die Kunst besteht darin, diesen Widerspruch auszugleichen: Das Wasser ist da, in der Tiefe, wo es alten Bäumen zur Verfügung steht, deren Wurzeln bis in die Grundwasserschicht reichen, doch für die Pflanzen im Gemüsegarten, für junge Bäume und Obstbäume ist es außer Reichweite.

Wenn das Wetter Jo-Jo spielt

Zwischen 2019 und 2022 glich die Temperaturkurve einer Berg-und-Tal-Bahn: Es war ein Auf und Ab! Schon das Jahr 2019 war außergewöhnlich mild, doch 2020 brachte die große Hitze. 2021 blieben die Durchschnittstemperaturen im Normbereich, schwankten jedoch stark. Auf einen ungewöhnlich milden Februar folgte ein kaltes Frühjahr mit starken Frösten im April und einem sehr durchwachsenen Mai; erst der Juni war wieder milder. Leider war auch der Sommer relativ nasskalt, und richtig schönes Wetter stellte sich erst im September ein. 2022 wurde es wieder sehr heiß – das Jahr gilt in Frankreich wie in Deutschland als das wärmste Jahr seit Beginn der Wetteraufzeichnungen. 2023 eiferte ihm nach: Hitze und Unwetter zogen sich von Juni bis in den Herbst, nur unterbrochen von zwei kühleren, feuchteren Pausen von jeweils acht Tagen, einmal Ende Juli/Anfang August und einmal Ende August.

Extreme Sommer!

In all den genannten Jahren war Wassermangel im Sommer die Norm. Nun wachsen **Karotten** schlecht in trockenem Boden: Sie bleiben dünn und mickrig.

Gemüse reagieren unterschiedlich

Auch die verschiedenen **Kohl**sorten entwickelten sich schlechter. 2020, 2022 und 2023 blieben die **Sommerkohl**sorten – **Spitzkohl**, **Blumenkohl** und **Broccoli** – trotz regelmäßiger Wasserzufuhr klein. Nur das relativ kühle Wetter 2021 bekam ihnen gut. Im Halbschatten angebauter **Blattsalat** bildete jedoch trotz allem knackige, feste Köpfe aus.

Kürbisse und allgemeiner alle **Kürbisgewächse** – **Zucchini**, **Patissons** (**Ufo-Kürbis**), **Gurken**, **Melonen** … – benötigen einen frischen Boden. Da sie sich jedoch leicht mulchen lassen und Wassermangel sehr schnell durch hängende Blätter anzeigen, war es einfach, Abhilfe zu schaffen. Heikler war es, bei heißem, sehr sonnigem Wetter eine schlechte Befruchtung und damit auch schlechte Fruchtentwicklung von **Zucchini** und **Hokkaidokürbissen** zu verhindern. Anmerkung: **Butternut-Kürbisse** und generell alle **Moschus-Kürbisse** haben die Hitzewellen 2019 und 2023 besser verkraftet.

Aufgrund der großen Hitze der Jahre 2019, 2022 und 2023 waren die Erntemengen von **Bohnen** – sowohl **Filetbohnen** als auch **Brechbohnen** und **Kernbohnen** – geringer als 2020 und 2021. Der trockene Sommeranfang der Jahre 2022 und 2023 wirkte sich auf die Größe der **Kartoffeln** aus, die sehr klein blieben. Ebenso hatten **Knollensellerie** und

Stangensellerie aufgrund des extremen Wassermangels im Sommer 2022 Wachstumsprobleme, trotz der Gewitterschauer, die Ende August fielen.
Für **Tomaten**, **Auberginen** und **Paprika**, auch für **Gurken** und **Melonen** sowie für **Basilikum** war die Hitze hingegen sehr vorteilhaft: Sowohl qualitativ als auch quantitativ waren die Ernten 2019, 2020, 2022 und 2023 mehr als zufriedenstellend.

Und das Obst?

Die **Obstbäume mit kleinen Früchten** und vor allem die bereits seit mehreren Jahren gepflanzten **Obstbäume** sind gegenüber saisonalen klimatischen Schwankungen weniger empfindlich als gegenüber chronischer, mehrjähriger Trockenheit. Steinobst wie **Pfirsiche**, **Pflaumen** und in geringerem Maße auch **Kirschen** (**Aprikosen** werden in meiner Region sehr selten angebaut) kämpfen seit einigen Jahren und müssen noch lange nach der Pflanzung bewässert werden – im Prinzip so lange, bis ihre Wurzeln die grundwasserführende Bodenschicht erreicht haben. Ein Zeichen der Zeit? Die Ernten meiner fünf **Feigen**sorten, der mediterranen Frucht schlechthin, sind heute zuverlässiger als die von **Zwetschgen** und **Mirabellen**, die seit Langem der Stolz meiner Heimatregion sind. Deren Blüte hat durch den Frost im April 2020 und 2021 schweren Schaden erlitten. Für die **Tafeltrauben** hingegen waren die heißen, trockenen Sommer sehr günstig, vor allem für die neueren Sorten, die resistenter gegen den Falschen und Echten Mehltau sind.

Anpassungsfähige Pflanzen?

Der Biologe Jean Rostand hat behauptet, es sei durchaus möglich, Frösche zu züchten, die in einer Wassertemperatur nahe dem Siedepunkt leben können, vorausgesetzt, man gewöhne sie über mehrere Generationen hinweg daran. Das gilt auch für die Pflanzen – in der Theorie! Diese Anpassung braucht jedoch viel Zeit, während die klimatischen Veränderungen sehr schnell gehen. Darauf sollte man sich also nicht zu sehr verlassen.

Kein Winter mehr?

Man sollte nicht vorschnell behaupten, dass es keine „echten“ Winter mehr gibt. Auch wenn die Wahrscheinlichkeit gering ist, kann man die Gefahr nicht ausschließen, dass im Januar Temperaturen von -25 °C auftreten. Die Winter von früher sind nicht ein für alle Mal vorbei – die starken Schneefälle (über 40 cm) von Mitte Januar 2021, gefolgt von einer kleinen Kältewelle (-16 °C am 12. Februar), erinnern uns daran.

Kälteschutz im Winter

Bis -8 °C kann man Frostschäden gut mithilfe einer oder mehrerer Lagen Winter- und Frühbeetvlies verhindern. Eine Schicht aus trockenem Stroh schützt die Pflanzen zusätzlich bis zur Rückkehr milderer Temperaturen.

Im Beet lassen oder ernten?

Die frühe Kältewelle Mitte Dezember 2022 mit einem Temperatursturz auf bis zu -11 °C hat einige Schäden verursacht. Zumal die vorangegangenen milden Winter mich in meinem unerschütterlichen Optimismus dazu verleitet hatten, einen Teil von **Roter Bete**, **Winterrettich** und **Sellerie** im Beet zu lassen – diese sind zum Teil erfroren (die **Herbstrüben „de Nancy“** haben hingegen nicht gelitten und haben sich sehr lange im Beet gehalten). Dieselben Gemüse haben im

Tunnel unter einem Strohbett den Winter schadlos überstanden, sodass ich sie bis in den April hinein ernten konnte. Gleiches gilt für seltene **Wurzelgemüse** wie **Yacón**, **Knollige Kapuzinerkresse** und **Knolligen Sauerklee** (**Oka**). Keine Überraschung war, dass robuste Gemüse wie **Lauch**, **Knollenziest**, **Pastinaken**, **Topinambur** und **Helianthi** (**Sonnenwurzel**) stoisch bis in den Frühling ausgeharrt haben.

Wintersalat, **Mangold**, **Petersilie** und **Kerbel** benötigten keinen besonderen Schutz. Sie sind ausreichend winterhart, um die Kälte zu überstehen, ausgenommen bei strengem Frost wie in der zweiten Januarhälfte 2022 – doch auch hier genügte ein einfaches Wintervlies, um Schäden zu vermeiden. Auch **Feldsalat** und **Winterkresse** haben sich unter dem Vlies trotz des Frosteinbruchs gut gehalten. Die Ernte von **Winterportulak** erstreckte sich von November bis in den Mai, außer im Winter 2022/2023, in dem sie aufgrund des Temperatursturzes im Dezember erst Mitte Februar begann. Für die empfindlichen **Artischocken** sind jedoch auch milde Winter schwierig. Die unteren Partien der Sorte „Gros Vert de Laon", die immerhin als die robusteste gilt, sind im Winter 2020/2021 und 2022/2023 erfroren.

Bei den **Karotten** war es hingegen umgekehrt: Sie hielten sich im Beet besser als im Keller oder sogar im Erdkeller. Gleiches gilt für den **Lauch**, denn der Boden war nie so stark gefroren, dass man die Stangen nicht mehr herausziehen konnte. In allen genannten Jahren hielten sich **Weiß-** und **Rotkohl** bis tief in den Winter an Ort und Stelle, und **Wirsing**, **Rosenkohl** und **Grünkohl** standen mir bis in den April zur Verfügung.

Kräuter und Gewürzpflanzen

Hier ist ein Winterschutz – Vlies und trockenes Stroh – unverzichtbar. Auch unter einem unbeheizten Tunnel gab es keine nennenswerten Schäden. Die jungen Halbsträucher, die im Sommer gesät oder durch Stecklinge vermehrt und im Herbst umgetopft wurden, etwa verschiedene

Thymiansorten, **Ysop**, **Rosmarin**, **Echter Lavendel**, **Ausdauerndes Eiskraut** *(Aptenia cordifolia)*, **Currykraut**, **Fuchsien** mit essbaren Früchten *(Fuchsia regia* „Reitzii"*)*, **Estragon**, diverse **Oregano**sorten, **Bohnenkraut**, verschiedener **Salbei** und selbst **Zitronenverbene**, **Argentinischer Minzestrauch** *(Aloysia polystacha)*, **Stevia** und **Vietnamesischer Koriander**, die allesamt nicht winterhart sind, haben den Frost gut überstanden, sogar den extremen Temperatursturz im Februar/März 2023.

Gut geschützt im unbeheizten Tunnel

Unter einem Folientunnel überstehen all meine ausgesäten Jungpflanzen oder Stecklinge den Winter unbeschadet. Sobald Minusgrade angesagt sind, bringe ich einen Vliesschutz an, bei Temperaturen unter -3 °C in einer doppelten, dreifachen oder vierfachen Lage. Bei sehr strengem Frost bedecke ich das Ganze mit einer Strohschicht, deren Dicke mit sinkenden Temperaturen zunimmt. So kann ich selbst sehr empfindliche Pflanzen bis zum Umtopfen und Einpflanzen im Frühjahr durch den Winter bringen.

Die empfindlichsten exotischen Würzpflanzen wie der **Jamaikathymian** *(Plectranthus amboinicus)*, das **Australische Zitronenblatt** *(Plectranthus fragrantissimus)*, der **Kampfer-Basilikum** *(Ocimum kilimandscharicum)* und seine Kreuzungen sowie die Halmbasis des **Westindischen Zitronengrases** *(Cymbopogon citratus)* und die **Zitronenbäume** überwintern in einem unbeheizten Raum im Haus und haben so all die genannten Winter wohlbehalten überstanden.

Der Lenz ist da

Ein Frühjahr folgte auf das andere, doch alle waren verschieden! Im Februar 2019 lagen die Tagestemperaturen fast zehn Tage lang bei knapp 20 °C, bevor ein abrupter Temperatursturz folgte. 2023 hingegen war der Frühling erst Ende Mai endgültig gekommen. In einem frühen Jahr läuten die ersten Blattstiele des **Rhabarbers** bereits im April die Zeit der Obstkuchen ein; in späten Jahren erscheinen sie nicht vor dem Mai. Im Prinzip sind sie – sogar noch deutlicher als die Schwalben – das wahre Zeichen dafür, dass der Frühling da ist!

Starke Schwankungen

Diese Wetterkapriolen im Frühjahr führten zu einer gewissen Unregelmäßigkeit im Aufgehen und Wachstum der ersten Kulturen, also der **Radieschen** und der jungen **Kreuzblütler**, von denen man die ersten Sprosse erntet: **Mizuna (Japanischer Senfkohl)**, **Blattsenf**, **Rucola** und **Gartenkresse**. Die günstigen Bedingungen im Frühjahr 2021 ermöglichten eine rasche Ernte, während eine späte Kältewelle 2019 und 2020 die Zeit zwischen Aussaat oder Pikieren bis zur ersten Ernte verlängerte.

Bei **Frühkarotten**, **grünen Erbsen**, **Knackerbsen** und **Zuckererbsen** schwankte die Keimdauer, also die Zeit zwischen Aussaat und Sprossbildung, ebenfalls erheblich. Auch hier waren die Temperaturen der entscheidende Faktor. Sowohl auf die Keimrate als auch auf die spätere Erntemenge hatte dies jedoch keinen nennenswerten Einfluss (im Gegensatz zu Trockenheit im Frühjahr, die zu deutlich kleineren Karotten führt und sich negativ auf die Menge und Qualität der

Erbsenschoten auswirkt). Die **Blattsalate** hingegen zeigten sich von all den klimatischen Schwankungen relativ unbeeindruckt.

Wichtig: Wassermangel vorbeugen

Im Sommer kann Wassermangel zum Problem werden, im Frühjahr jedoch niemals. Ist die Erde gut mit organischem Material abgedeckt – ich mulche seit über 25 Jahren systematisch –, bewahrt sie die im Winter gespeicherte Feuchtigkeit bis in den Juni hinein. Die Niederschläge des Frühjahrs, ob sie gut sind wie 2019, 2020 und 2021 oder spärlicher wie 2022, sind für die Bedürfnisse der ersten Kulturen ausreichend. Werden besagte Niederschläge in eigens dafür aufgestellten Regentonnen gesammelt, hat man auch zwischen März und Mai genügend Gießwasser für die jungen Sämlinge und die letzten umgetopften Pflanzen zur Verfügung.

Und im Gewächshaus?

Was für das Freiland zutrifft, gilt auch für Pflanzen im geschützten Anbau, also unter einem Folientunnel oder in einem Gewächshaus, das allein durch den „Treibhauseffekt" beheizt wird. Je nach den herrschenden klimatischen Bedingungen, vor allem den Tages- und Nachttemperaturen, betrug die Keimdauer von **Tomaten** und erst recht von **Auberginen** und **Paprika** zwischen acht Tagen und drei Wochen oder mehr. Dank der milden Temperaturen im März 2023 keimten die verschiedenen **Nachtschattengewächse** zwar rasch, doch der Kälteeinbruch im April verlangsamte ihr Wachstum. Noch deutlicher war dies bei den **Melonen**, den **Basilikum**sorten und den **Süßkartoffeln** zu sehen, die für kräftiges Gedeihen sehr hohe Tagestemperaturen und nicht zu niedrige Nachttemperaturen benötigen.

Die klimatischen Schwankungen wirkten sich mehr oder weniger auf alle Arten aus, die wie **Sellerie** und **Lauch** sehr zeitig ausgesät werden. 2019 entwickelten sich die Sämlinge im Frühbeet sehr rasch, 2020 und 2022 normal, doch 2021 und 2023 geriet ihre Entwicklung aufgrund der kalten Temperaturen im April ins Stocken.

Die Jungpflanzen der **Nachtschattengewächse** (Tomaten, Paprika, Auberginen, Physalis usw.), der **Kürbisgewächse** (vor allem Gurken und Melonen, aber auch Zucchini, Hokkaido- und Butternutkürbisse) und der verschiedenen **Basilikum**sorten, die unter Glas oder Folie gezogen wurden, reagierten auf die letzten Aprilfröste sehr empfindlich. Trotz einer doppelten Lage Winterschutzvlies fielen einige Tomatenpflänzchen dem Frost gegen Morgen des 11. und 14. April 2019 zum Opfer. Bei der Kälte Mitte April 2021 (tagsüber 10 bis 12 °C, nachts -2 bis -4 °C) habe ich gebibbert, aber nichts verloren.

Die Obstbäume im Frühjahr

Für die **Obstbäume** sind Temperaturstürze besonders bedrohlich, weil Frostschäden an der Blüte oder an den jungen Früchten irreparabel sind. Die üppige Blüte von **Aprikosen**, **Pfirsichen**, **Kirschen** und sogar **Pflaumen** Ende März 2022 wurde durch den Frosteinbruch (-5 °C) vom 16. bis 18. April zunichte gemacht. Auch **Kiwi** und **Kiwibeeren**, die bereits ausgetrieben hatten, fielen dem Frost zum Opfer, sodass ich jede Hoffnung auf eine Ernte begraben musste. Nur die **Apfelbäume** – deren Blüte später folgt – brachten eine gute Ernte. Selbst die **Kakis**, die zu jener Jahreszeit zwar noch nicht treiben, deren Saft aber bereits steigt, haben keine Früchte getragen, ja, nicht einmal geblüht. **Himbeeren**, **Rote** und **Schwarze Johannisbeeren** und generell alle Beerensträucher tragen hingegen stets zuverlässig, unabhängig von den klimatischen Schwankungen der Jahre.

Herbstliche Fülle

Im Garten ist der Herbst oft wie ein zweiter Frühling. Dies hat sich in den vergangenen Jahren bestätigt. Von 2019 bis 2023 waren die Monate September, Oktober und November sehr angenehm mit lauen Temperaturen; gleichzeitig stand aufgrund der ersten Spätsommerregen ausreichend Wasser zur Verfügung. Das milde Wetter hielt sogar bis tief in den Dezember hinein an. Selbst der Herbst 2022 war trotz der ersten strengen Fröste Mitte Dezember (vor Weihnachten wurden -12 °C gemessen), die mit Macht den kommenden Winter ankündigten, eine üppige Saison mit einem fantastischen Altweibersommer Mitte Oktober (tagsüber 20 bis 24 °C, Frühtemperatur 10 bis 11 °C).

Eine verlängerte Ernte

Das milde Wetter und der späte Wintereinbruch verlängerten die Ernte im Gemüsegarten, sowohl im Freiland als auch unter Folie (die Ernte von Paprika und Tomaten aus dem Folientunnel reichte 2020 bis ... Januar 2021!). Auch für die Ernte der Herbstgemüse – **Zichoriensalat (Zuckerhut)**, **Radicchio**, **krause** und **glatte Endivien**, **Chinakohl**, **Herbstrüben** (**„de Nancy“** und andere Sorten), **Feldsalat**, **Herbst-Kopfsalat** und **Herbstrettich** – waren diese klimatischen Bedingungen äußerst günstig. Die im Oktober pikierten **Winter-Kopfsalate** entwickelten sich ab dem Auspflanzen prächtig, und zwar unabhängig von den klimatischen Bedingungen im Herbst und zu Beginn des Winters.

Die frühen, ergiebigen Niederschläge waren optimal für die verschiedenen **Herbstkohlsorten**, **Blumenkohl**, **Brokkoli** sowie

Rotkohl und **Weißkohl**. Die **Süßkartoffeln**, die ich seit drei Jahren im Folientunnel anbaue, um ihre Ernte so weit wie möglich hinauszuzögern, wurden schön dick und zugleich sehr gut lagerfähig (werden sie im Freiland angebaut und vor den ersten starken Niederschlägen im Herbst geerntet, halten sie sich weniger gut). Bei den **Physalis** hingegen machten die strengen Dezemberfröste 2022 und 2023, auch wenn sie relativ spät auftraten, jegliche Hoffnung auf eine Ernte zunichte: Die Beeren erfroren, noch bevor sie reif waren.

Kräuter und Gewürzpflanzen

Da ich **Stevia**, **Zitronenverbene** und **Argentinischen Minzestrauch** noch spät ernten kann und anschließend trockne, habe ich stets bis zur Ernte der frischen Pflanzen im nächsten Jahr genug Kräuter für meinen Kräutertee. Verholzende Kräuter wie die verschiedenen **Thymian**sorten, **Rosmarin**, **Salbei** oder **Ysop**, leiden auch in sehr heißen Sommern kaum und werden spät oder sogar ganzjährig geerntet.

Das Wetter: Zwischen zu viel und zu wenig

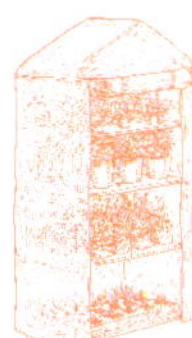

Der aktuelle Klimawandel scheint eine Zunahme von Extremwetterlagen mit sich zu bringen. Es kommen starke Temperatursprünge von Kälte zu Hitze vor, und auf lange Trockenzeiten folgen sintflutartige Regenfälle. Im Garten – wie auch überall sonst – bringen diese ungewöhnlichen Wetterphänomene Probleme mit sich. Angemessene Wechsel von Trockenheit und Feuchtigkeit sowie von Frost und Auftauen sind in der Regel gut für die Bodenstruktur und damit für die Jungpflanzen. Das Problem ist das „Zuviel“ oder, seltener, das „Zuwenig“. Im Garten entstehen Schäden vor allem durch strengen Frost, besonders wenn er unerwartet auftritt, sowie durch Trockenheit oder aber zu viel Wasser. Oder alle drei zusammen im gleichen Jahr!

Temperaturen unter null

Im Winter ist Kälte normal – so sollte es zumindest sein. Trotz der Klimaerwärmung kommt es nach wie vor zu schwarzem Frost, der die Kulturpflanzen schädigt (die Bezeichnung stammt von der Schwarzfärbung der Pflanzen), vor allem die empfindlichen mehrjährigen Pflanzen wie **Estragon** oder **Artischocken**, die trotz angemessenem Schutz erfrieren, wenn über längere Zeit Temperaturen unter -10 °C herrschen. Vor allem, wenn es dazu noch feucht ist!

Was zu viel ist, ist zu viel!

Trotz der globalen Klimaerwärmung sind wir nicht vor extremen Kältewellen gefeit. Die arktische Luft, die im Januar und Februar 2020 und 2021 über die Prärien Kanadas sowie den Norden der Vereinigten Staaten strömte, ließ das Thermometer bis auf - 40 °C fallen. Wie würden die Pflanzen in unseren Gärten reagieren, wenn es bei uns zu einer solchen Kältewelle käme?

Doch auch im Frühling schaden niedrige Temperaturen den Pflanzen enorm, vor allem, wenn sie auf eine für den Winter ungewöhnlich milde Periode folgen. Dies gilt für die Setzlinge, die in dieser Jahreszeit im unbeheizten Tunnel oder Frühbeet eingepflanzt werden, aber auch für die Obstbäume, die durch ein vorzeitiges Aufsteigen des Safts anfälliger für Spätfröste im April werden.

Frosthärte im Winter und im Frühling

Die **Maibeere** *(Lonicera caerulea* var. *kamtschatica)*, deren Früchte den Heidelbeeren ähneln, verträgt im Winter Temperaturen von -45 °C, doch die Blüten, die am Ende des Winters erscheinen, erfrieren bei -8 °C. Ebenso sind **Pfirsich-** und **Aprikosenbäume** im Frühling frostempfindlich, vertragen im Winter jedoch ohne Weiteres Temperaturen von -15 °C.

Zunächst unsichtbare Schäden

Durch strengen Frost im Winter verursachte Schäden an mehrjährigen Pflanzen sind unauffällig oder treten genauer gesagt erst später in Erscheinung. In der Regel muss man bis zum Austrieb im Frühjahr warten, um das Ausmaß der Schäden zu beurteilen.

Notwendiger Frost

In der Tendenz verringert sich die Anzahl der Frosttage, vor allem in Regionen, in denen diese zuvor zahlreich waren (Frankreich: Centre, Norden, Nordosten; Deutschland: Alpenraum und Mittelgebirge). Frost ist jedoch notwendig, und wenn er ausbleibt, etwa in einem besonders milden Winter, kann dies für die mehrjährigen Pflanzen im Garten fatale Folgen haben, vor allem für die Obstbäume.

Frost plus Feuchtigkeit: Der tödliche Mix

Sowohl Frost als auch Feuchtigkeit können für Pflanzen verhängnisvoll sein, doch die Kombination von beiden ist

Pflanzen mit „Frostschutz“

Die Wurzeln der **Pastinaken** verfügen über einen eingebauten Klimaschutz, womit sie auch extreme Kältewellen überstehen. Ab dem ersten Frost verwandeln sie ihre Stärke in lösliche Zucker (Glukose, Fruktose und Saccharose), die sich in den Zellen konzentrieren – so gefrieren diese nicht so leicht.

stets schädlich und manchmal tödlich. Die verschiedenen Sorten von **Thymian** und **Knoblauch** sowie die **Winterzwiebeln** vertragen trockenen Frost bis -25 °C. Kommt jedoch Feuchtigkeit hinzu, erfrieren sie nicht selten bereits bei -10 bis -12 °C. Wenn die Schäden unter Folie weniger gravierend ausfallen, liegt dies nicht an den Temperaturen: Zwischen den Temperaturen im Freien und unter Folie liegen nur 3 oder 4 °C. Doch da es dort trockener ist, fallen die Schäden oftmals geringer aus.

Danke, Schnee!

Schnee ist ein ausgezeichneter Kälteschutz, und die starken Schneefälle im Januar 2021 haben die Auswirkungen der anschließenden Kältewelle abgemildert. Wenn die Außentemperatur um -20 °C liegt, hält sie sich am Boden unter einer Schneedecke bei -3 bis -5 °C. Noch besser: Im Winter 1937/1938 hat der Schweizer Botaniker Braun-Blanquet unter einer 1 m dicken Schneedecke -6 °C gemessen, während im Freien fast -34 °C herrschten!

Wärme- und Kälteperioden im Frühjahr

Die Temperaturschwankungen im Frühjahr bringen andere Schwierigkeiten mit sich. Ein Kälteeinbruch nach einer frühzeitigen warmen Phase kann jungen ausgepflanzten oder ausgesäten Pflänzchen zum Verhängnis werden (wie 2020, als auf einen recht milden März ein kühler und sogar eisiger April folgte). Gartenneulinge – und manchmal auch alte Hasen – fallen oft auf die Temperaturschwankungen des Frühlings herein. Man kann also nicht oft genug darauf hinweisen, dass unüberlegtes Auspflanzen sowohl im geschützten Anbau als auch im Freiland selten so gelingt, wie die ersten warmen Tage es verheißen.

Der Vegetationsnullpunkt

Der Vegetationsnullpunkt ist die Mindesttemperatur, ab der eine Pflanze sich entwickelt. Sie ist je nach Pflanzenart sehr verschieden: Bei **Kohl** liegt sie je nach Sorte zwischen 2 °C und 5 °C, **Kopfsalat** keimt bei 5 °C, **Zucchini** und die großen **Kürbisse** *(Cucurbita maxima)* bei 8 °C – **Muskatkürbisse** *(Cucurbita moschata)* wie der **Butternutkürbis** benötigen mehr Wärme. **Auberginen**, **Paprika** und **Tomaten** keimen nicht unter 12 °C, **Gurken**, **Melonen** und **Süßkartoffeln** wachsen erst ab 15 °C. Der Vegetationsnullpunkt definiert also das Wärmebedürfnis jeder Pflanzenart und bestimmt damit auch den Zeitpunkt der Aussaat.

Im Frühling angebaute Gemüsesorten

Nicht alle Gemüsesorten reagieren gleich auf den Wechsel von Wärme und Kälte im Frühling. Ausdauernde Pflanzen, die aus Kontinentaleuropa oder Zentralasien stammen wie **Schnittlauch**, **Chinesischer Schnittlauch** oder **Liebstöckel**, starten bereits recht früh gegen Ende des Winters, überstehen jedoch unerwartete Kälteeinbrüche unbeschadet. Die verschiedenen **Kreuzblütler** wie **Radieschen** und **Kohl** begnügen sich mit niedrigeren Temperaturen, ebenso wie **Kopfsalat**, der ab 5 °C keimt und sich ab 7 °C entwickelt.

Aus tropischen oder sogar äquatorialen Gefilden stammende Arten sind hingegen kälteempfindlich. Viele von ihnen, etwa **Tomaten**, **Paprika**, **Auberginen** oder **Gurken**, vertragen keine niedrigen Temperaturen, selbst wenn diese im Plusbereich liegen. Um Sommergemüse zu pflanzen, die bei Tagestemperaturen unter 18 °C und Nachttemperaturen unter 10 °C schlecht wachsen, genügt es also nicht, das Ende der Fröste abzuwarten – zumal kühle, feuchte Tage auch das Entstehen von Pilzerkrankungen begünstigen, die sich ebenfalls je nach Wetterlage ausbreiten. Die Sporen des Falschen Mehltaus – einer Pilzkrankheit, die für das Wachstum und die Produktivität von **Tomaten** extrem schädlich ist – keimen bereits ab 5 °C, also einer Temperatur, die für die Pflanze selbst noch viel zu niedrig ist.

Verlässlichkeit von Wettervorhersagen

Die Wettervorhersagen für 72 Stunden sind heute erstaunlich zuverlässig und ermöglichen es, rechtzeitig auf plötzliche Wetterwechsel zu reagieren. Über drei Tage hinaus sind die Vorhersagen eher mit Vorsicht zu genießen, stellen jedoch trotzdem eine wertvolle Hilfe für die Planung von Aussaat und Auspflanzungen dar.

Aussaat unter Glas oder Folie: März und April

Im Gegensatz zu den Winterfrösten, deren eventuelle Folgen man erst nach einiger Zeit erkennen kann, sind die Schäden durch den sogenannten weißen Frost (Reif) des Frühjahrs sehr rasch sichtbar: Schlaffe, in sich zusammengesunkene Pflanzen, abgestorbene Partien an den Blättern und blasige Stellen an den Blattspreiten. Kälteempfindliche Pflanzen, ob südamerikanische wie **Tomaten**, **Paprika** und **Winterkürbis** oder südasiatische wie **Auberginen** und **Gurken** – **Melonen** hingegen sind afrikanischen Ursprungs –, können in unseren Breiten nur im geschützten Anbau gezogen werden, in der Regel durch Aussaat in Anzuchtschalen im Frühbeet und anschließendes Umtopfen vor dem endgültigen Auspflanzen. Profigärtnereien bauen diese Pflanzen im beheizten Gewächshaus an, doch wie wir später noch sehen, ist es durchaus möglich, sie unbeheizt – also etwa ohne Heizlüfter – unter Folie oder Glas zu ziehen. So mache ich es in meinem elsässischen Garten seit mehr als drei Jahrzehnten.

Blütenfrost

Der sogenannte Blütenfrost ist das gefährlichste Wetterphänomen für Obstbäume. Die meisten von ihnen überstehen strenge Winter, doch alle fürchten den Frost im Frühling. Rotknospen, also Knospen, die kurz davor sind, sich zu öffnen, sterben bei -3 °C ab, geöffnete Blüten bei -2 °C und junge Früchte schon zwischen 0 und -1 °C.

Aprikosen im Norden wie im Süden?

Aprikosenbäume sind ebenso winterhart wie **Pflaumenbäume**, doch die frühere Blüte – in der Regel im März – verringert die Hoffnung auf eine Ernte, je weiter man sich nach Norden bewegt. Daher sind als robuster geltende Aprikosensorten einfach solche, die halbfrüh blühen wie die „Pêche de Nancy" (Nancyaprikose) und die „Rouge du Roussillon", oder Spätblüher wie die „Luizet", die „Tardif de Bordaneil", die „Polonais" (Polnische Aprikose) oder die „Bergeron". „Hargrand" ist eine Sorte, die dank ihrer späten Blüte Anfang April – manchmal! – den letzten Blütenfrösten entkommt. Diese noch recht junge Sorte ist zudem etwas unempfindlicher gegenüber Pilzerkrankungen wie der Monilia und der Schrotschusskrankheit, die in kühlfeuchtem Klima häufiger auftreten. „Canino" hingegen ist ein Frühblüher, der sich nur für südliche Gefilde eignet.

Sorten, deren Früchte früher reifen als die der meisten anderen Sorten derselben Art, sind nicht automatisch auch Frühblüher. „Burlat", „Moreau" und „Jaboulay" sind drei Sorten der **Süßkirsche**, die Ende Mai bis Anfang Juni reif werden, deren Blütezeit jedoch im Durchschnitt anderer Kirschensorten liegt (der andere große Vorteil **frühreifer Kirschen**sorten ist, dass die Früchte vor „Würmern" – die eigentlich kleine Maden sind – verschont bleiben, da die Flugzeit der Kirschfruchtfliege erst nach der ersten Juniwärme beginnt, also nach der Ernte der frühen Kirschen).

Eisheilige oder Kaltlufttropfen?

Mitte Mai 2023 gingen die Frühtemperaturen im Elsass nicht über 5 bis 6 °C hinaus; dazu wehte ein anhaltender Nordostwind, der um diese Jahreszeit in dieser Region der gefürchtetste ist. Für die Jahreszeit angemessene Temperaturen stellten sich in jenem Jahr erst Ende Mai ein. Dieses im Frühjahr auftretende, mehr oder weniger beständige Wetterphänomen, das von den Meteorologen „Kaltlufttropfen" genannt wird, steckt vermutlich hinter den berühmten „Eisheiligen" Mamertus, Pankratius und Servatius, die traditionell am 11., 12. und 13. Mai jedes Jahres liegen (in den nördlicheren Regionen gesellt sich die „Kalte Sophie" am 15. Mai hinzu) und – theoretisch – das Ende der Frostgefahr bedeuten.

Im Herbst: Der erste Raureif

Der Herbst gilt in der Regel nicht (mehr?) als gefürchtete Gartensaison. In den vergangenen Jahren dauerte er oft sehr lange an, und der erste Frost trat selten vor November oder sogar Dezember auf. In dieser Jahreszeit sind die robusten Gemüsesorten so weit entwickelt, dass sie den Unbilden des Winters trotzen. Die empfindlicheren Gemüse hingegen sind bereits geerntet und – je nach Sorte – im Keller oder im Erdkeller eingelagert.

Wenn das Wasser knapp wird

Parallel zur Verringerung der Frosttage ist eine Tendenz zu verlängerten Sommern zu beobachten. Auch wenn diese je nach Region unterschiedlich ausgeprägt ist – stärker im Süden, mäßig in kontinentalem Klima und weniger stark am Meer, etwa an der Atlantikküste oder an Nord- und Ostsee –, sind die Langzeitvorhersagen der Meteorologen beunruhigend, da sie eine Zunahme extremer Hitzewellen und Dürreperioden prognostizieren.

Wasser: Nicht mehr ständig verfügbar

Beim Thema Wasserversorgung geht es teils weniger um die verfügbare Gesamtmenge als vielmehr darum, dass wir aufgrund unserer Lebensweise immer mehr Wasser verbrauchen – im Zuge des aktuellen Klimawandels kann es daher zu Engpässen kommen. Das Problem ist dabei weniger die abnehmende Menge der Niederschläge (diese nimmt teilweise sogar zu – und das ist nicht unbedingt eine gute Nachricht, denn ein Grund dafür ist die höhere Verdunstung infolge der Erwärmung der Meere), sondern ihre ungleichmäßige Verteilung, sowohl regional als auch auf die Jahre gesehen (2022 wurde in Frankreich ein Rekord-Niederschlagsdefizit von 25 % verzeichnet, in Deutschland waren es 15 %).

Jahreszeitliche Niederschläge

Die durchschnittliche jährliche Niederschlagsmenge in Frankreich und Deutschland beträgt je nach Region etwa zwischen 500 und 2000 mm. Besonders niederschlagsarm ist das Flachland abseits der Küsten (etwa in den neuen Bundesländern), besonders niederschlagsreich sind die Mittelgebirge und der Alpenraum, in Frankreich auch die Küsten – in Deutschland nur teilweise. Die größten Niederschlagsmengen fallen im Herbst und zu Beginn des Winters, teils mit einer zweiten Spitze im April/Mai.

Der Regenfeldbau in der Krise

Problematischer als im Garten ist das veränderte Klima im Sommer überall dort, wo der Regenfeldbau (ohne zusätzliche Bewässerung) – in erster Linie in Tierzucht und Getreideanbau – die Norm ist: Die Heuernte fällt geringer aus, und es kommt zur Notreife von Getreide (durch andauernde Hitze und/oder Dürre speichern die Körner kein oder wenig Eiweiß, sie schrumpfen und fallen ab). Wirkungsvolle Maßnahmen im Umgang mit dieser Krise des Regenfeldbaus sind entscheidend, um unsere Ernährung von morgen zu sichern.

Wassermangel oder Wasserüberschuss: Auswirkungen auf die Pflanzen

Hinsichtlich ihres Wasserbedarfs bevorzugen Pflanzen die goldene Mitte: weder zu viel noch zu wenig! Bei Wassermangel verkümmern sie, und Getreide wird vorzeitig notreif. In Verbindung mit Hitze begünstigt Trockenheit auch das Auftreten von Schädlingen wie Blattläusen, Schildläusen und Mottenschildläusen. Die meisten Pilzerkrankungen entwickeln sich zwar besser bei feuchter Witterung, doch der Echte Mehltau, der die Blätter von **Kürbisgewächsen** mit einem weißen Belag überzieht, bildet sich bei Trockenheit und Wärme („Schönwetterpilz"). Die gleichen Bedingungen können zum vorzeitigen Abfallen der Blüten von **Zucchini** und **Bohnen** führen, die daraufhin weniger Früchte ausbilden. Ein feuchtes Frühjahr hingegen – oder zu exzessives Gießen! – wäscht bestimmte Nährstoffe aus (vor allem Stickstoff) und kann bei empfindlichen Arten Wurzelfäule und damit das Eingehen der Pflanzen zur Folge haben. Noch schädlicher ist Starkregen, der zu Bodenerosion und Schlammlawinen führen kann.

Einschränkungen des Wasserverbrauchs

Im Garten sind Trockenzeiten nur ein Problem, wenn das Gießwasser knapp wird! Ein Mangel, der leider allmählich zur Norm wird, und immer häufiger erlassen Kommunen Verordnungen zur Einschränkung des Wasserverbrauchs. Diese beziehen sich auf einen begrenzten Zeitraum und bestimmte Bereiche. Dabei gibt es verschiedene Warnstufen (Vorwarnzustand, Warnzustand und Gefahren- oder Extremzustand) mit jeweils unterschiedlichen Einschränkungen. Im Gefahrenzustand kann jeder nicht lebensnotwendige Wasserverbrauch (wozu der Garten nicht gehört) untersagt werden. Im Garten hat man dann keine Wahl mehr – daher ist das Ziel, vollkommen ohne Wasser aus dem öffentlichen Versorgungsnetz auszukommen. Aufgrund der Kosten verwenden Viele dieses seit Jahren ohnehin nicht mehr zum Gießen!

40 °C im Schatten

Die Hitzewellen – also längere und außergewöhnlich intensive Perioden mit erhöhten Tages- und Nachttemperaturen – der Jahre 2019 und 2023 brachten Temperaturrekorde mit sich, die bis zu 43 °C im Pariser Raum, 46 °C in Südfrankreich und über 41 °C in Deutschland reichten. Diese Hitze beeinträchtigt die menschliche Gesundheit sowie die Flora (wild oder kultiviert) und Fauna (wild oder gezüchtet).

Wachstumsstillstand aufgrund von Hitze

Es gibt eine Mindesttemperatur, die eine Pflanze zum Wachsen benötigt, den Vegetationsnullpunkt – doch es gibt auch eine Höchsttemperatur, ab der eine Pflanze ihr Wachstum einstellt. Wie der Vegetationsnullpunkt variiert auch diese Höchsttemperatur von einer Pflanzenart zur anderen, in geringerem Maße auch von einer Sorte zur anderen.

Sonnenbrand

Die große Hitze, die durch intensive Sonneneinstrahlung entsteht, führt bei Blättern und Früchten zu Verbrennungen, im Freiland ebenso wie unter Glas oder Folie. Zuerst treten unregelmäßige Nekrosen auf, abgestorbenes Gewebe, das in der Mitte weißlich und mehr oder weniger ausgeprägt von einem gelben Ring umgeben ist. Schließlich werden die Stellen papierartig trocken. Zarte Blätter und noch grüne Früchte junger Pflanzen sind sowohl im Frühjahr als auch im Sommer empfindlich gegenüber hohen Temperaturen, doch auch ausgewachsene Pflanzen können durch extreme Hitze geschädigt werden.

Hitze und Trockenheit

Hitze und Wassermangel hängen oft, aber nicht immer zusammen: Eine frühe Hitzewelle kann die Pflanzen schädigen, auch wenn der Boden noch genügend Wasser gespeichert hat. Wassermangel entsteht dann, wenn über die Blätter mehr Wasser verdunstet, als die Pflanze über ihre Wurzeln aufnehmen kann. Bei anhaltender Hitze verdunstet zudem mehr Wasser aus dem Boden, sodass diesem regelrecht die Wasserreserven entzogen werden.

Extreme Wetterereignisse

Die normalen jahreszeitlichen Schwankungen entstehen aufgrund der Neigung der Erdachse um 23,5° zur Ebene ihrer Umlaufbahn. Die Menschen sind nicht Herr über diese Schwankungen, haben jedoch gelernt, mit ihnen zu leben. Extreme Wetterereignisse sind hingegen schwer vorhersehbar und umso besorgniserregender, da sie seit dem Ende des vergangenen Jahrhunderts immer häufiger aufzutreten scheinen.

Was tun?

Wie jeder Mensch bin auch ich als Gärtner gegenüber Extremwetterlagen machtlos. Um es klipp und klar zu sagen: Gegen einen über die Ufer tretenden Fluss oder einen schweren Sturm, der eine ganze Region verwüstet, kann man wenig tun. Wie soll man auf Unwetterwarnungen reagieren? Möglichst wenig unterwegs sein, sich nicht in der Nähe von Bäumen oder Wasserläufen aufhalten und in einem festen Gebäude Schutz suchen (ohne zu vergessen, den Strom abzustellen). Rette sich, wer kann! Viel mehr ist nicht möglich ...

Überschwemmungen

Überschwemmungen sind oft vorhersehbar, und die Risikogebiete sind bekannt. Dennoch muss man sich informieren! Vor allem wenn Sie auf der Suche nach einem Grundstück sind, gilt: Vorbeugen ist besser als heilen, denn Dämme zu errichten, Sandsäcke aufzuschichten und alle Ritzen abzudichten bietet nur sehr bedingt Schutz. Leben Sie in einem Risikogebiet, verfolgen Sie aufmerksam die Unwetterwarnungen und Hochwasservorhersagen (in Deutschland z. B.: www.dwd.de, www.hochwasserzentralen.de, Warn-App Nina usw.).

Diese Wetterphänomene sind in unseren Breiten recht selten (in Deutschland werden wie in Frankreich immerhin etwa 50 pro Jahr verzeichnet). An einem bestimmten Ort halten sie nur wenige Stunden an, doch wenn sie von West nach Ost über das Land fegen, können sie doch erheblichen Schaden anrichten. Gegen Windstärke 8 und selbst gegen Böen der Stärke 9 kann man sich wappnen, indem man den Garten entsprechend anlegt und Hecken aus Obstgehölzen als Windschutz pflanzt. Gegen Windstärke 10, 11 oder einen Orkan mit Windstärke 12 kann man sich jedoch nicht schützen.

Gewitter

Ein Gewitter ist ein mehr oder weniger heftiges Wetterphänomen, das durch eine atmosphärische Störung entsteht, bei der zwei Luftmassen – eine kalte und eine warme – aufeinandertreffen. In der Regel geht es mit starken Regenfällen sowie spektakulären Blitzen und Sturmböen einher. Hagelschauer sind seltener und lokal begrenzt. In den Jahren 2022 und 2023 wurde jedoch deutlich mehr Hagel verzeichnet als im Durchschnitt der Jahre 2006 bis 2015. Sind dies Ausnahmen oder deutet sich hier eine Tendenz für die kommenden Jahre an? Das gilt es zu beobachten!

Hagelsturm

Was tun, wenn ein Hagelsturm die schlechte Idee hat, über Ihrem Garten niederzugehen? Viel kann man dagegen nicht ausrichten. Die meisten Hagelschauer werden in der Regel im Mai und Juni beobachtet – bei angekündigtem Hagel kann das Anbringen von Netzen zum Schutz **junger ausgesäter Pflanzen** oder **Setzlinge** den Schaden begrenzen. Doch wie soll man verhindern, dass an **Obstbäumen** das Laub durchlöchert wird und junge Zweige abbrechen? Noch problematischer war der zweite Höhepunkt der Hagelaktivität im August und September 2022: Dabei wurden die Hoffnungen auf eine Ernte im Gemüsegarten mitten in der Reifeperiode beendet!

Und was sagen die Pflanzen dazu?

Manche Obst-, Gemüse- und Würzpflanzen haben hinsichtlich Wasser und Temperatur einen „mittleren" Bedarf und werden daher als Mesophyten bezeichnet („Wechselfeuchtpflanzen", vom griechischen *mesos* = mittig und *phytón* = Pflanze). Aufgrund dieser Eigenschaften passen sie sich an wechselnde klimatische Bedingungen an. Sämtliche in diesem Buch genannten Gemüse, Kräuter und Obstsorten sind für den Anbau in ganz Frankreich und Deutschland geeignet.

Manche mögen's heiß, andere kalt

Die meisten Gartenpflanzen haben keinen übermäßig hohen Wasser- oder Wärmebedarf – dennoch haben nicht alle die gleichen Bedürfnisse. **Melonen** benötigen im Sommer hohe Temperaturen (ideal sind Lufttemperaturen zwischen 25 und 30 °C und Bodentemperaturen zwischen 18 und 25 °C), während **Feldsalat** sich bereits ab 5 °C entwickelt und ab 30 °C Probleme hat, zu keimen.

Junge Pflanzen reagieren anders als alte

Die Art und Weise, wie Pflanzen auf ihre Umgebung reagieren, ändert sich auch mit ihrem Alter. Neu gepflanzte **Tomaten** reagieren anders auf Trockenheit als drei oder vier Monate alte Pflanzen. Erstere lassen rasch die Blätter hängen, während Letztere sich aufgrund ihres gut entwickelten Wurzelsystems gut anpassen können. Ebenso ist es bei den verschiedenen **Kürbisgewächsen**, vor allem den **Winterkürbissen**, die am besten zeitig

– im Mai – gepflanzt werden, damit sie für ihre Entwicklung von der im Boden gespeicherten Feuchtigkeit profitieren können. So müssen sie zudem weniger gegossen werden und überstehen Wassermangel im Sommer besser. Auch die Frosthärte verändert sich mit dem Alter, manchmal auf paradoxe Weise! Der Stamm junger **Weinreben** oder **Feigenbäume** ist frostempfindlicher als bei ausgewachsenen Pflanzen, doch gegen Ende des Sommers gesäte **Petersilie** übersteht den Winter besser als im Frühjahr ausgesäte Pflanzen.

Nie zufrieden!

Die Bedürfnisse von Pflanzen sind manchmal verwirrend oder gar widersprüchlich, etwa die der **Bohnen**. Werden sie im Frühling in zu kalte Erde gesät, gedeihen sie schlecht, und selbst gute Bedingungen im Sommer führen nicht zu einer befriedigenden Ernte. Bei ausreichender Wärme im Frühling keimen sie zwar kräftig, ein heißer, trockener Sommer verhindert jedoch eine gute Befruchtung, sodass sich wenige Hülsen ausbilden. **Artischocken** hingegen mögen keine große Hitze im späten Frühjahr und im Sommer, vertragen aber auch keine strenge Kälte im Winter.

Eine Frage des Alters

Die Frosthärte ist je nach Alter einer Pflanze sehr unterschiedlich. Ein im Garten ausgepflanzter Rosmarin verträgt Frost bis -15 °C, bei trockener Luft auch bis -18 °C. Im Topf übersteht eine ausgewachsene Pflanze einige Tage bei -8 °C, eine Jungpflanze ohne Winterschutz erfriert jedoch bei -5 °C.

Optimale Temperatur und Vegetationsnullpunkt

Der Vegetationsnullpunkt ist wie bereits gesagt die Temperatur, bei der eine Pflanze nicht eingeht, aber auch nicht wächst. Sie variiert erheblich – von 3 °C bei **Kopfsalat** bis zu 15 °C bei **Melonen** und **Süßkartoffeln** – und hängt im Wesentlichen vom ursprünglichen Habitat der verschiedenen botanischen Arten ab. Die optimale Wachstumstemperatur

ergibt sich aus dem Vegetationsnullpunkt und schwankt zwischen 18 °C bei **Karotten** und 25 °C bei **Melonen** oder **Auberginen**. Durch Aussaat des ersten **Kopfsalats** im Januar/Februar und durch Auspflanzen von **Auberginen** und **Melonen** in der zweiten Maihälfte kann man im Garten den Bedürfnissen jeder Art gerecht werden.

Anpassungen bei der Aussaat

Gärtner bemühen sich stets darum, ihr Vorgehen an die Bedürfnisse ihrer Pflanzen anzupassen, schließlich gewährleistet dies ein gesundes Wachstum und damit eine reiche Ernte. **Tomaten-**, **Auberginen-** oder **Paprikapflanzen** gehen bei Temperaturen unter 2 °C ein. Keimung, Wachstum und Fruchtausbildung erfolgen bei ihnen jedoch so schnell, dass ein einfaches Vorziehen der Kulturen im Frühbeet genügt, um Jungpflanzen zur Verfügung zu haben, wenn die Bedingungen im Freiland günstig werden, in der Regel in der zweiten Maihälfte. Die Ernte beginnt ab Mitte Juli und dauert bis in den Herbst an. **Pak Choi** und **Chinakohl** hingegen keimen in der letzten Wärme des Sommers besonders gut, bevorzugen zum Wachsen jedoch die kühleren Herbsttemperaturen. Sie müssen also im August gesät werden, damit sie im September pikiert und ab Oktober geerntet werden können.

Nachkulturen

Die Wachstumszeit der meisten Gemüsearten beginnt in unseren Breiten zu Beginn des Frühjahrs, sodass sie sich im Sommer optimal entwickeln. Ab dem Herbst lässt das Wachstum nach oder die Pflanzen verschwinden ganz. Einige Arten wie der **Johannislauch** *(Allium x cornutum)* oder

der **Ackerlauch** *(Allium ampeloprasum* L.*)* wachsen im Winter und verschwinden im späten Frühling, um im Herbst erneut auszutreiben, ebenso wie die **Echte Amaryllis** *(Amaryllis belladonna)*, eine Zwiebelblume, und der **Safrankrokus**.

Trockenheitsstress: Was geht?

Manche Pflanzen kommen mit Wassermangel gut zurecht. Eine relativ trockene Phase fördert sogar ihre Blütenbildung und erhöht den Zuckergehalt – und damit den Geschmack – der meisten **Fruchtgemüse** wie **Tomaten**, **Paprika** und **Melonen** sowie einiger **Wurzelgemüse** wie **Rote Bete** und **Karotten**. Ein leichter Wassermangel wie auch ein kurzzeitiger Wasserüberschuss schadet diesen Pflanzen kaum. Beide sind jedoch problematisch, wenn sie chronisch werden.

Passen Tomaten sich an Trockenheit an?

Die **Tomate** ist bei Weitem nicht die Art mit dem größten Wasserbedarf. Doch wenn man Ihnen Samen anbietet, die trockentoleranter sein sollen als andere, da die Samen von Mutterpflanzen stammen, die noch nie gegossen wurden, ist dies nichts als heiße Luft! Eine Tomate „gewöhnt" sich nicht an die Trockenheit und speichert Trockenheitsverträglichkeit auch nicht in ihren Genen, wenn sie nicht gegossen wird.

Und die Obstbäume?

Durch gezielte Anpassungen bei der Aussaat kann man also die Erntezeiten von Gemüse und Würzpflanzen regulieren. Heikler ist dies bei **Obstbäumen** und **-sträuchern**. Die Ernte von **Feigen** ist heute weniger ein Glückstreffer als die von manchen nördlicher beheimateten Arten wie **Äpfeln, Birnen**, den diversen **Pflaumen** wie **Mirabellen**, **Zwetschgen** und **Reineclauden** sowie auch von **Kirschen**. Letztere leiden seit Jahren unter milden Wintern und chronischer Trockenheit im Sommer. Wäre es eine Lösung, mediterranere Arten wie **Pfirsiche** und **Aprikosen** anzubauen? Ja, doch aufgrund ihrer frühen Blütezeit werden sie leichter durch Frost an Blüten und jungen Früchten geschädigt. Fazit: Selbst wenn man mehr verschiedene Arten und Sorten anbaut, wird die Obsternte zunehmend zum Glücksspiel, und die Jahre mit Ernteausfall oder geringer Ernte nehmen zu.

Für südliche Gefilde!

Zitrusfrüchte können in Europa bislang nur in mediterranen Gefilden angebaut werden. Auch wenn die winterhärtesten Sorten Temperaturen von -8 °C bis -10 °C überstehen, bedeutet das nicht, dass sie nach solchen Temperaturen auch Früchte ausbilden. Gleiches gilt für die **Japanische Wollmispel** oder **Loquat** *(Eriobotrya japonica)*, die wegen ihrer Früchte in Südfrankreich angebaut wird: Ihr Stamm verträgt zwar Frost bis zu -12 °C, doch die jungen Früchte, die im Herbst reifen, erfrieren bereits bei 2 bis 3 °C. Sie können sie also in nördlicheren Regionen pflanzen, doch hoffen Sie nicht auf eine Ernte der köstlichen, saftigen Loquats.

Den Gemüsegarten widerstandsfähiger machen

Generell reagieren nicht alle Pflanzen gleich auf klimatische Schwankungen und Wetterereignisse, und dies gilt auch für die eigentlichen Gartenpflanzen. Manche knicken beim geringsten Wetterereignis ein (Hitzewelle, Trockenheit, Frost usw.), andere sind widerstandsfähiger und verkraften die Folgen des Klimawandels besser. Eine große Rolle spielen dabei zudem sowohl die spezifischen Bedingungen eines Gartens (Bodenbeschaffenheit, Lage und Topografie) als auch die Vorgehensweise desjenigen, der ihn bestellt.

Die Wasserspeicher im Boden erhöhen

Einen Garten ohne Wasser gibt es nicht! Es wäre jedoch ein Fehler, von einem Extrem ins andere zu verfallen, also zuerst planlos zu gießen, egal wie, wo oder wann, und dann wieder das Gießen völlig einzustellen. Es gilt, das richtige Maß zu finden, ausgehend von der verfügbaren Wassermenge und dem Wasserbedarf der angebauten Pflanzen.

Der Boden, ein praktischer Wasserspeicher

In unserem Klima ist der Boden in puncto Wasserversorgung zwei Extremen ausgesetzt: Überschuss im Winter und Mangel im Sommer. Im Frühling und Herbst ist der Wasserhaushalt von Boden und Pflanzen etwa ausgeglichen. Im Idealfall findet eine Pflanze im Boden stets das zum Wachsen benötigte Wasser vor. Selbst das Gießen dient nicht dazu – oder sollte es nicht – ihr das benötigte Wasser zuzuführen, sondern den Boden zu befeuchten, sodass die Pflanze sich nach Bedarf versorgen kann. Daher trifft es sich gut, dass der Boden ein idealer Speicher ist, der enorme Wassermengen aufnehmen kann. In erster Linie geht es also darum, seine Wasserkapazität zu erhöhen.

Ein Schwammeffekt …

Wie ein Schwamm nimmt der Boden verfügbares Wasser auf und speichert es, um es bei Wassermangel wieder abzugeben. Dank dieser Eigenschaft lassen sich die negativen Auswirkungen von extremer Trockenheit oder Nässe ganzjährig begrenzen.

… aber unterschiedliche Speicherkapazitäten

Jeder Boden besteht aus Ton, Schluff, Sand, Kalk und Humus. Die sogenannte Wasserkapazität eines Bodens richtet sich danach, zu welchen Anteilen diese Bestandteile in einem Boden enthalten sind. Ein Boden mit hohem Tonanteil kann viel Wasser speichern, es jedoch schlecht an die Pflanzen abgeben. Sandige Böden hingegen speichern nur wenig Wasser. Humusreiche Böden – Humus ist die letzte Stufe der sich zersetzenden organischen Substanz im Boden – sind in dieser Beziehung die Champions: Sie speichern große Wassermengen, die sie bei Bedarf gut an die Pflanzen abgeben können.

Auch die Bearbeitung – oder die Nichtbearbeitung – des Bodens wirkt sich auf sein Wasserhaltevermögen aus. Durch Umgraben oder Pflügen sickert das Wasser leichter von den Wurzeln der Pflanzen weg und die Wasserkapazität des Bodens wird erheblich verringert. Daher sollte der Boden möglichst wenig bearbeitet werden.

Verluste verringern

Parallel zu den Bemühungen, die Wasserkapazität des Bodens zu erhöhen, sollte man Wasserverluste verringern. Verlust ist allerdings nicht gleich Verlust! Wasser ist für die Pflanzen lebensnotwendig – das Wasser, das sie zum Keimen, zum Wachsen sowie später für eine eventuelle Blüte und Fruchtbildung benötigen (nicht alle Gartenpflanzen bilden Blüten und Früchte aus), kann man nicht mit einem wirklichen Verlust gleichsetzen.

Verluste, die keine sind

Pflanzen bestehen zu 80 bis 95 % aus Wasser. Das zeigt, wie lebenswichtig es für sie ist! Ein simpler **Kopfsalat** verliert im Laufe seines Lebens durch Verdunstung die 100fache Menge seines Eigengewichts an Wasser. Dennoch kann man dies nicht als Verlust bezeichnen. Die Pflanze muss einen Großteil des aufgenommenen Wassers, das als Transportmittel für die Nährstoffe aus dem Boden dient, wieder verdunsten, um in ihrem Gewebe die für ihre Entwicklung benötigten Mineralstoffe zu speichern.

Der Boden: Halb voll oder halb leer

Die Masse des Ackerbodens ist stets auch mit Luft gefüllt. Wie bei unserer Haut nennt man diese Hohlräume Poren. Die größten dieser unterschiedlich großen Hohlräume, die Makroporen, sind größer als 50 Mikrometer (1 Mikrometer – oder 1 µm – entspricht einem millionstel Meter), die kleinsten, die Mikroporen, sind kleiner als 2 µm, also kaum so groß wie ein Tautropfen. Die mittelgroßen Mesoporen speichern den größten Teil des für die Pflanzen verfügbaren Wassers (im Gegensatz zu den Mikroporen, die gespeichertes Wasser nur schwer abgeben, sodass die Pflanzen es nicht aufnehmen können, und zu den Makroporen, die das Wasser leicht durch Drainage oder Versickern verlieren). Bei Trockenheit sind die Poren mit Luft gefüllt, und bei Regen oder beim Gießen läuft Wasser hinein.

Das A und O: Bodenbeschaffenheit und Bodenstruktur

Die natürliche Wasserkapazität eines Bodens hängt von seiner Beschaffenheit (also seinem Gehalt an Ton, Sand und Kalk) sowie von seiner Struktur (also der Art und Weise, wie Letztere verteilt sind) ab. Es ist sehr schwierig – und kostspielig – in die Bodenbeschaffenheit einzugreifen, die eine geologische Gegebenheit ist. Einfacher ist es, die Bodenstruktur zu verändern – diese wird im Wesentlichen durch die vorhandene organische Substanz in verschiedenen Stadien der Kompostierung sowie durch die Art der Bodenbearbeitung bestimmt.

Organische Substanz + geringe Bodenbearbeitung = Optimierung der Wasserkapazität

Bodenverbesserung – also Anreicherung mit organischer Substanz – und minimale Bodenbearbeitung gewährleisten eine optimale Wasserkapazität des gesamten Ackerbodens. Im Idealfall speichert ein Boden zwischen Oktober und Juni die maximale Wassermenge und bleibt bis in den Hochsommer oder sogar bis zum ersten Herbstregen feucht. Dann ist das Gießen nur bei klimatischen Extremen notwendig: bei ausbleibenden Niederschlägen im Sommer und starken Hitzewellen.

Bodenbearbeitung ja oder nein?

Die Bodenbearbeitung hat nicht nur Nachteile. Regen- oder Gießwasser können leichter in den Boden eindringen, und zur Freude hungriger Vögel werden Larven aus dem Boden an die Luft befördert. Bei schweren Tonböden verstärkt eine grobe Belüftung im Herbst die positiven Effekte abwechselnder Trockenheit und Feuchtigkeit sowie von Frost und Auftauen. Eine feinere Bodenbearbeitung im Frühling erleichtert die heikle Aussaat von **Karotten** sowie das Einpflanzen von **Blattsalat**, **Kohl**, **Petersilie** und generell allen in Anzuchttöpfchen vorgezogenen Gemüse- und Würzpflanzen. Leider wirkt sich die Bodenbearbeitung in der Regel negativ auf das Wasserhaltevermögen des Bodens aus. **Angesichts der zunehmenden Trockenheit im Sommer gilt es also, die Bodenbearbeitung so weit wie möglich zu beschränken.** Wenn sie notwendig ist, etwa bei Neukultivierung eines verdichteten Bodens, ist einfaches Belüften mit der Grabegabel oder Doppelgrabegabel stets dem Umgraben vorzuziehen.

Mineralisch vs. pflanzlich

Damit die Erde Wasser speichern kann, muss dieses in sie eindringen können. Den Boden mit einer wasserundurchlässigen Schicht – etwa Beton, Asphalt, Platten oder Pflastersteine – zu versiegeln, ist also in dieser Hinsicht absurd. Natürlich ist ein mineralischer Belag pflegeleichter als die nackte Erde, doch er hat zahlreiche Nachteile, und auf lange Sicht gewinnt dabei mit ziemlicher Sicherheit niemand.

Das Ziel: Ein humusreicher Boden

Der Humusgehalt eines Bodens verstärkt seine hydrodynamischen Eigenschaften, vor allem sein Wasserhaltevermögen und seine Durchlässigkeit – dies macht ihn angesichts der klimatischen Schwankungen zu einem wertvollen Verbündeten.

Dank seiner Schwammstruktur speichert dieses organische Material doppelt so viel Wasser wie Ton und hundertmal so viel wie Sand. Humus reichert sich mehr oder weniger dick und mehr oder weniger konzentriert in der obersten Bodenschicht an. Da seine Wirkung davon abhängt, dass er in ausreichender Menge vorhanden ist, müssen Sie ihn regelmäßig mit **organischem Material** bedecken, etwa mit **Stroh**, **verdorbenem Heu**, **Kompost**, **frischem** oder **verrottetem Mist**, diversen

Häckseln oder mit einer **Gründüngung** (also eigens zu diesem Zweck kultivierten Pflanzen) – nur so bleibt seine Schicht erhalten oder wird sogar verbessert. Die ideale Dicke der Humusschicht für einen Gemüsegarten ist schwer zu bestimmen – 3 % scheinen das Minimum zu sein. Sparen Sie nicht mit organischem Material, um ihn abzudecken – dies wäre ein sicherer Weg dazu, Ihren Garten weniger widerstandsfähig gegenüber dem Klimawandel zu machen.

Nicht zu vernachlässigen: Bodenverbesserung durch Humus!

Humus ist eine erdähnliche Substanz von bräunlicher Farbe, die durch die Zersetzung von organischem Material entsteht. Im Gartenbau hat er zahlreiche Vorzüge: Er fördert die biologische Aktivität im Boden, verbessert die Bodenstruktur, liefert den Pflanzen für ihr Wachstum notwendige Nährstoffe, stärkt ihre natürliche Widerstandskraft gegenüber Parasiten usw. Da er die Bodenfruchtbarkeit erhöht, ist er ein entscheidendes Element für alle chemiefreien Anbauweisen wie Permakultur, Agroforstwirtschaft, Agrarökologie und regenerative Landwirtschaft.

Die Reserven im Boden auffüllen

Zunächst finden die Pflanzen das benötigte Wasser in den Reserven des Bodens. Davon zehren sie so lange, bis bei schwindenden Reserven das natürliche Wasserhaltevermögen des Bodens stärker ist als die Saugkraft der Wurzeln. In diesem Moment – und nur dann – müssen Sie eingreifen, damit den Pflanzen weiterhin das benötigte Wasser zur Verfügung steht. Welches Wasser verwenden Sie dazu? Natürlich das, welches Sie in weiser Voraussicht zu diesem Zweck gesammelt haben.

Nur Schauer oder richtiger Regen?

Es ist nicht immer leicht, richtig einzuschätzen, wie viel Wasser ein Regen wirklich bringt. Im Sommer kommt es vor, dass selbst ein kräftiger Schauer den Boden nur bis in 2 oder 3 cm Tiefe durchfeuchtet – wenn überhaupt. Dies zeigt sich bei oberflächlichem Belüften mit einer Harke oder Gartenhacke. Schon ein einfacher Regenmesser schafft Abhilfe, sodass Sie sich nicht mehr auf Ihr subjektives Empfinden verlassen müssen.

Regenwasser sammeln

Durch Regen im Frühjahr und Herbst sowie Schneefall im Winter werden die Wasserreserven im Boden auf natürliche Weise aufgefüllt. Dieses sehr sauerstoffreiche, relativ wenig belastete Wasser ist ideal für die Pflanzen. Es enthält in geringen Mengen sogar Nährstoffe, die durch Oxidation des in der Atmosphäre enthaltenen Stickstoffs zu Nitrat entstehen. Es lohnt sich also unbedingt, es zu sammeln, wenn es reichlich vorhanden ist, damit man es den Pflanzen bei Wassermangel zur Verfügung stellen kann.

Der Vorteil ist, dass es überall verfügbar ist und jeder Landbesitzer das auf seinem Grundstück fallende Regenwasser sammeln darf. Je nach Jahr und Region können Sie so pro Quadratmeter Dachfläche zwischen 500 und 1000 Liter Wasser sammeln. Das Sammeln von Regenwasser stößt daher meist nicht aufgrund der vorhandenen Fläche an seine Grenzen, sondern aufgrund der vorhandenen Speicherkapazitäten, zumal zwischen Sammeln und Verwendung als Gießwasser mehrere Wochen oder gar Monate liegen können.

Vorrichtungen zum Sammeln von Regenwasser

Die Systeme zum Sammeln von Regenwasser werden an den Fallrohren der Dachrinnen befestigt. Sie sind mehr oder weniger ausgefeilt – und mehr oder weniger wirkungsvoll – und leicht zu montieren. Wählen Sie am besten ein System mit einem leicht zu wartenden Filter sowie – wenn Sie das Wasser in Regentonnen sammeln – mit einem Überlaufschutz.

Regenwasser direkt zum Gießen verwenden

Wenn kein Frost herrscht, leiten Sie im Herbst und Winter das von den Dächern gesammelte Regenwasser direkt in den Garten. Selbst wenn sie seit vielen Jahren am selben Platz stehen, leiden manche Obstbäume wie **Pflaumen** (und auf Pflaumen veredelte **Pfirsiche** und **Aprikosen**), **Äpfel** und **Birnen** unter chronischem Wassermangel (vor allem, wenn sie auf eine schwache Unterlage gepfropft wurden, bei Äpfeln etwa »Paradis Jaune de Metz«, bei Birnen die Quitte BA 29 = Provencequitte). Wenn Sie das Regenwasser an den Fuß der Bäume gießen, füllen Sie die tiefen Wasserreserven des Bodens für das bevorstehende Jahr maximal auf und helfen Ihren Bäumen so, eine eventuelle Trockenheit im Sommer zu überstehen. Dieses Gießen im Winter regt außerdem die Wurzeln dazu an, in die Tiefe zu wachsen, um die grundwasserführende Bodenschicht zu erreichen.

Drohender Totalverlust …

In den meisten Fällen ist das Abfließen von Regenwasser über öffentliche Abwasserleitungen völliger Unsinn. Es versickert in den Gullys und wird mit hohem Kostenaufwand zu einer Kläranlage transportiert – als Gießwasser geht es damit gänzlich verloren.

Regenwasser speichern

Das aufgefangene Regenwasser wird ober- oder unterirdisch in Tonnen oder Zisternen gesammelt. Die entscheidende Frage ist natürlich die nach der Größe dieser Behälter. Dabei müssen Sie den Platz berücksichtigen, die diese beanspruchen, Ihren Wasserbedarf, der durch die Größe Ihres Gartens und die Art der angebauten Pflanzen bestimmt wird, sowie die lokalen klimatischen Bedingungen – vor allem die Menge, Verteilung und Regelmäßigkeit von Niederschlägen. Kalkulieren Sie dabei einen gewissen Spielraum ein, um für extreme Trockenzeiten im Sommer gewappnet zu sein.

Zu den oberirdischen Behältern zählen diverse Fässer, Tanks und im Handel erhältliche Regentonnen. Ihre Nachteile sind das geringe Fassungsvermögen sowie der Platz, den sie beanspruchen. In der Regel fassen sie zwischen 300 und 500 Liter, selten mehr als 1 Kubikmeter. Bei Bedarf können Sie für bequemeres Auffangen und Entnehmen des Wassers mehrere Tonnen miteinander verbinden. Unterirdische Tanks und Zisternen bestehen aus Polyethylen, manchmal auch aus Stahl, und können bis zu 10.000 Liter fassen.

Künstliche Wasserbecken: Ökologischer Unsinn

In Frankreich hat in den vergangenen Jahren der Bau riesiger künstlicher Wasserreservoirs oder Mega-Bassins zur Versorgung landwirtschaftlicher Großbetriebe für massive Proteste gesorgt. Dabei werden Grundwasser und Wasserläufe angezapft, um das Wasser in gigantischen, mit Plastik ausgekleideten offenen Becken zu sammeln, in denen das Wasser steht, sich verändert … und verdunstet. Für manche ist dies eine vernünftige Maßnahme, um die Lebensmittelversorgung von morgen zu sichern – für die meisten jedoch schlicht ökologischer Unsinn! Ganz abgesehen davon, dass die dafür benötigten Flächen als landwirtschaftliche Nutzfläche verloren gehen, tragen die Becken auch zur Flächenversiegelung bei.

Brunnenwasser

Wenn eine Region über natürliche Wasserreserven verfügt, kann Gießwasser für den Garten auch mithilfe eines Brunnens und einer Pumpe gewonnen werden. Je nach Region ist dazu eine Meldung oder Genehmigung der Wasserbehörde erforderlich. Bei extremer Trockenheit und Wasserknappheit unterliegt auch die Entnahme von Grundwasser durch einen Brunnen denselben Einschränkungen wie die Verwendung von Leitungswasser.

Liegen das Grundwasser oder ein Wasserlauf in weniger als 7 m Tiefe, kann das benötigte Wasser leicht mithilfe einer elektrischen – eventuell solarbetriebenen – Saug-Druckpumpe oder Handpumpe (Schwengelpumpe) gefördert werden. Diese wird an ein Stahlrohr mit einer Rammspitze angeschlossen, das durch Einschlagen mit einem Vorschlaghammer in den Boden getrieben wird (Rammbrunnen). Das kalte, sauerstoffarme Wasser aus der Tiefe wird vor Verwendung am besten für zwei oder drei Tage in einem Behälter gelagert, da temperiertes Wasser stets besser für die Pflanzen ist.

Noch einfacher ist es, Wasser direkt aus einem Fließgewässer oder Teich zu pumpen. Dazu benötigt man nur eine Oberflächenpumpe mit einem Saugschlauch, an dessen Ende ein Filter sitzt. Beachten Sie, dass auch die Wasserentnahme aus natürlichen Gewässern melde- oder genehmigungspflichtig ist.

Richtig gießen

Woher es auch stammt, Wasser ist kostbar, und sein Verbrauch sollte optimiert werden, selbst wenn es reichlich zur Verfügung steht. Beobachten Sie daher gut das Wachstum Ihrer Pflanzen und beachten Sie folgende Tipps.

- Gießen Sie vor allem Sämlinge und neu eingesetzte Pflanzen, da die Pflanzen sich mit zunehmendem Alter besser selbst versorgen können. Gießen Sie junge Sämlinge mit der Brause, Neupflanzungen mit der Gießkanne ohne Brauseaufsatz, ohne die Blätter zu benetzen. **Generell werden Neukulturen nur mäßig, dafür häufiger gegossen. Später gießt man reichlicher, aber in größeren Abständen.**

Werden Aussaat, Auspflanzen oder Umtopfen korrekt durchgeführt, erleichtert dies später das Gießen und spart Wasser. Setzen Sie vor allem niemals eine Pflanze mit trockenem Wurzelballen in die Erde; bei Bedarf tränken Sie diesen in einem Gefäß mit Wasser, sodass er sich vollsaugt. Auch Aussaat und Pikieren erfolgen niemals in trockener Erde. Wenn nötig, müssen Sie vor Beginn der Aussaat oder der Pflanzung gründlich gießen.

Zum Pflanzen heben Sie zu Beginn ein Pflanzloch aus, das für **Obstbäume** und **-sträucher** 40 bis 50 cm breit und 15 bis 20 cm tief sein sollte, für alle **Nachtschattengewächse** (**Tomaten**, **Auberginen**, **Paprika ...**) und **Kürbisgewächse** (**Gurken**, **Zucchini**, **Kürbisse**) etwas kleiner (30 bis 40 cm breit, 10 bis 15 cm tief), um einfaches und optimales Gießen zu gewährleisten.

Gießen Sie im Frühjahr und Herbst bevorzugt morgens oder tagsüber (ebenso im Winter bei geschütztem Anbau oder Winterschutz). Im Sommer gießen Sie am besten abends. Übrigens: **Tägliches Gießen ist selten optimal.** Längere Gießintervalle, bei denen den Pflanzen genügend Wasser zugeführt wird, sind stets zu bevorzugen.

Bei einer Aussaat muss der oberste Zentimeter des Bodens durchfeuchtet werden. Bei pikierten Pflanzen oder Setzlingen muss das Wasser den Boden bis in 15 cm Tiefe oder mehr durchdringen.

Da Pflanzen weniger kräftig wachsen, wenn der Boden durch wiederholtes Gießen ständig feucht gehalten wird, lassen Sie die Oberfläche des Bodens abtrocknen, bevor Sie erneut zur Gießkanne greifen.

Gießen: Am besten von Hand

Das Gießen von Hand erfolgt mit der Gießkanne oder einem an eine Pumpe angeschlossenen Gartenschlauch. Natürlich ist dies zeitaufwendiger, mühsamer und erfordert mehr Sachkenntnisse, doch Sie können die benötigte Wassermenge besser anpassen und relativ genau nach Bedarf der Pflanze dosieren.

Die Tröpfchenbewässerung oder die Bewässerung mithilfe eines porösen Sickerschlauchs ist praktisch und kann mithilfe eines Bewässerungscomputers automatisch gesteuert werden. Die Installation ist jedoch aufwendig und für die häufigen Fruchtwechsel im Gemüsegarten weniger geeignet. Beregnungsanlagen, die einen enormen Wasserverbrauch haben und häufig Pilzerkrankungen der Pflanzen verursachen, sollten im Gemüsegarten völlig tabu sein.

Weniger gießen durch richtige Wahl des Pflanzzeitpunkts

Wenn Sie **Tomaten**, **Paprika**, **Auberginen** und **Zucchini** spät – nach Mitte Mai – pflanzen, müssen Sie anschließend mehr gießen, da der Boden bereits einen guten Teil der Feuchtigkeit aus dem Frühjahr verloren hat. Selbst **Winterkürbisse** wie **Hokkaido**-, **Turban**- oder **Butternutkürbisse**, die noch bis Ende Juni gepflanzt werden könnten, entwickeln sich bei früherer Pflanzung besser und benötigen weniger Wasserzufuhr. **Obstbäume** und **-sträucher** sollten Sie unbedingt im Oktober oder November pflanzen, also vor den ersten Regenfällen im Herbst. Werden sie im Frühjahr gepflanzt, müssen sie wesentlich häufiger und reichlicher gegossen werden (und wachsen noch dazu schlechter an).

Kultur in Töpfen oder im Freiland?

Sofern die Möglichkeit besteht, ist es immer besser, Pflanzen im Freiland zu ziehen als in Töpfen. So versorgen sie sich selbst besser mit Wasser und müssen entsprechend weniger gegossen werden. Die richtige Wassermenge für Kübelpflanzen zu bestimmen, ist außerdem gar nicht so einfach. Ist die Erde im Topf oder Kübel erst einmal ausgetrocknet, nimmt sie anschließend das Gießwasser nicht mehr so gut auf. Dann ist es oft am besten, den ganzen Topf in einen Eimer oder Bottich mit Wasser zu stellen. Im Hochsommer kann ein Topfuntersetzer als „Wasserreservoir“ dienen. Das darin stehende Wasser muss jedoch innerhalb weniger Stunden von den Pflanzen aufgenommen werden, um Staunässe und damit Wurzelfäule zu vermeiden.

Zu viel oder zu wenig?

Wassermangel stellt für Pflanzen ein Problem dar, doch zu viel Wasser ist genauso schlecht. Wenn nicht sogar schlimmer! Denn bei kurzzeitigem Wassermangel kann man leicht Abhilfe schaffen, doch ein ständiger Wasserüberschuss zerstört das Wurzelsystem der Pflanzen, sodass sie eingehen. Dabei spielt es keine Rolle, ob das Wasser von zu viel Regen oder zu häufigem Gießen stammt.

Systematisch mulchen und abdecken

Mulch ist wasserdurchlässig, schützt jedoch vor Sonneneinstrahlung und damit vor steigenden Temperaturen und Verdunstung – daher ist das Mulchen eine intelligente Methode, um die Feuchtigkeit im Boden zu halten. Doch die Verbesserung des Wasserhaushaltes der Böden ist nicht der einzige Vorteil: Durch Mulchen erübrigen sich außerdem teilweise oder ganz die drei unbeliebtesten lästigen Arbeiten im Garten – Unkrautjäten, Umgraben und Düngen.

Mulchen zur Humusanreicherung im Boden

Böden mit einem hohen Gehalt an organischer Substanz in verschiedenen Stadien der Verrottung kommen mit Extremwetterereignissen am besten zurecht. Diesen Gehalt an organischem Material im Boden zu erhalten oder sogar zu steigern ist daher entscheidend. Die praktischste – und keineswegs am wenigsten effiziente! – Methode dazu ist, den Boden mit einer Mulchschicht zu bedecken.

Mulch – was ist das eigentlich?

„Wenn man einen frischen Komposthaufen anlegt, korrekt aufschichtet und ihm bei Bedarf die notwendige Feuchtigkeit zuführt, erwärmt er sich, und der Abbauprozess, die sogenannte Rotte, beginnt. Nach einigen Monaten hat sich das im Kompost enthaltene Stroh zersetzt, und das Material hat eine mehr oder weniger dunkelbraune Farbe angenommen. Es ist nun kein Kompost mehr, sondern Mulch." So lautet die Definition von Mulch im *Manuel de culture potagère* (Handbuch Gemüsegarten) von E. Delplace und P. Dauguet (1962). Es stimmt, dass fertige Komposterde sicherlich das beste Mulchmaterial für den Hausgarten ist. Diese muss man jedoch erst einmal haben!

Welche organischen Materialien eignen sich zum Mulchen?

Nicht alle organischen Materialien zur Bodenabdeckung sind gleich gut geeignet. Doch tatsächlich sind die „guten" Materialien jene, von denen Ihnen im Garten ohnehin genug zur Verfügung stehen, etwa **Gründüngung, Ernterückstände** (Pflanzenreste im Beet), **Geflügelmist, Bioabfälle, Laub, Hecken- und Rasenschnitt,** oder günstig zugekauftes Material wie **Stallmist** (Rinder-/Pferdedung), **Komposterde,** diverse **Häcksel, Stroh** oder **verdorbenes Heu.**

Um den Effekt des Mulchens zu optimieren, bringen Sie das Material zum richtigen Zeitpunkt aus. Wird ein ausgetrockneter Boden abgedeckt, kann er bei Niederschlag schwieriger wieder Feuchtigkeit aufnehmen. Ein kalter gemulchter Boden erwärmt sich im Frühjahr langsamer. Die beste Zeit zum Mulchen ist daher das Ende des Frühjahrs (nach dem Pflanzen im Mai, aber vor der ersten großen Hitze) und im Herbst (nach den ersten Niederschlägen, aber vor den strengen Frösten). Für eine ideale Wirkung sollten Sie die Mulchschicht erneuern, bevor sich die alte Schicht vollständig zersetzt hat.

Weniger Bodenbearbeitung durch Mulchen

Das Aufbringen einer Mulchschicht erspart Ihnen die oberflächliche Bodenbearbeitung, da der Boden unter der organischen Decke schön locker bleibt. Er braucht also nicht gehackt zu werden! Da die Mulchschicht zudem das Unkraut am Keimen hindert, brauchen Sie auch nicht zu jäten. Es genügt, die vereinzelten Unkräuter auszuzupfen, die durch die Mulchdecke hindurchwachsen.

Stroh – der Alleskönner der organischen Substanzen

Aufgrund seines geringen Stickstoffgehaltes ist Stroh – ob von Weizen, Gerste oder Roggen – nicht die beste organische Substanz für den Garten. Doch es ist vor allem auf dem Land mit Abstand am einfachsten zu beschaffen, zu transportieren und zu lagern. Außerdem eignet es sich für alles Mögliche: natürlich zum Mulchen, aber auch als Einstreu für Geflügel sowie als Winterschutz von Pflanzen, sowohl im Freiland als auch im Gewächshaus oder Tunnel.

Was tun bei einem Mangel an organischem Material?

Wenn Sie zu wenig organisches Material haben, um Ihre Kulturen zu mulchen, ist das Auflockern des Bodens durch Hacken eine Option. Auch dieses hat nicht nur Nachteile. Es verringert die Anzahl der im Boden lebenden Parasiten, indem diese Wärme und Sonne ausgesetzt werden, und durch Aufbrechen der durch Regen oder Trockenheit verhärteten Erdkruste kann das Wasser wieder besser in den Boden eindringen, anstatt abzulaufen und damit verloren zu gehen. Eine oberflächliche Bodenbearbeitung verringert auch die Verdunstung, da der kapillare Aufstieg von Wasser aus den tiefen Bodenschichten verhindert wird.

Nutzen für die Tierwelt

Das Mulchen wirkt sich auf vielfältige Weise positiv auf die Bodenlebewesen aus. Das ausgebrachte organische Material – **Stroh** und **Mist**, **Kompost**, **Häcksel**, **Laub**, mit dem Rasenmäher zerkleinerter **Gründünger** … – schützt die Nützlinge (Glühwürmchen, Ohrwürmer, Kröten, Spitzmäuse …) vor Hitze, Trockenheit und Licht. Im Sommer bietet die Mulchschicht tagsüber einen Unterschlupf für nachtaktive Nützlinge; im Winter überwintern darin europäische Marienkäfer, Schwebfliegen und Laufkäfer. Und die Nacktschnecken? Zu deren massenhafter Vermehrung kommt es nur, wenn der Mulch zu frisch und unzureichend zersetzt ist. Eine trockene Strohschicht hingegen behindert sogar die Fortbewegung der Schnecken und fördert zugleich die Vermehrung ihrer natürlichen Feinde wie Laufkäfer und Kurzflügler.

Die klimatischen Besonderheiten in jedem Garten optimal nutzen

Die großen Klimazonen – Mittelmeerklima, gemäßigtes ozeanisches Klima, gemäßigtes kontinentales Klima und Gebirgsklima – werden durch die Entfernung zum Meer und die geografische Höhe definiert. Jede Zone hat ihre klimatischen Bedingungen. Dennoch gibt es lokale klimatische Besonderheiten, die durch die allgemeine Lage (Stadt oder Land) und andere Faktoren bestimmt werden: Durch eine sonnige oder windige Lage, die Topografie, die Art der Anlage des Gartens sowie vorhandene Gebäude oder Wasserflächen können mehr oder weniger großflächige Mikroklimate entstehen.

Erste Aussaat und hitzeempfindliche Pflanzen

Um die Ecken des Gartens zu finden, die am besten für die erste Aussaat geeignet sind, stecken Sie die Bereiche ab, in denen bei Tauwetter der Schnee zuerst schmilzt. Bereiche, in denen der Schnee länger liegen bleibt, sind hingegen „kalte“ Ecken – dort gedeihen im Sommer Gemüse und Würzpflanzen, die keine große Hitze vertragen.

Schrägbeete oder Hügelbeete

Die vor einigen Jahrzehnten sehr beliebten Schrägbeete hätten ein Revival im Gemüsegarten verdient. Sie sind leicht anzulegen: Es sind etwa 1 m breite Beete, die an geeignetem Standort mit 15 bis 20° Neigung angelegt werden, sodass sie die Sonneneinstrahlung optimal ausnutzen. Sie eignen sich besonders für die erste Aussaat von **Radieschen**, **Karotten**, **Blattsalat** und allgemein allen **Frühkulturen**. Ihre moderne Version ist das sehr populäre Hügelbeet. Auch dieses erwärmt sich im Frühjahr schnell, der Gemüseanbau und vor allem das Gießen gestalten sich dabei jedoch etwas schwieriger. Außerdem ist das Anlegen eines Hügelbeets aufwendig und mit schweren Erdarbeiten verbunden – ob man dazu bereit ist, sollte man sich reiflich überlegen.

Schrägbeete am Fuß einer Mauer

Wie in alten Zeiten können Schrägbeete im Gemüsegarten auch am Fuß einer Mauer mit Süd- oder Südostausrichtung angelegt werden. Dies hat im Frühjahr einen doppelten Vorteil: Tagsüber wird die Sonneneinstrahlung optimal ausgenutzt, nachts wird die von der Mauer gespeicherte Wärme wieder abgegeben. An einem günstigen Standort kann so die Aussaat von **Blattsalat**, **Radieschen**, **Mairüben** und **Frühkarotten** um 14 Tage vorgezogen werden, ebenso die der ersten **Kreuzblütler**, von denen man die jungen Sprosse erntet, etwa **Rucola**, **Mizuna**, **Blattsenf** oder **Gartenkresse**. Auch **Pfirsich-** und **Aprikosenbäume** sind vor einer geschützten Mauer an einem Spalier gezogen den letzten Spätfrösten weniger ausgesetzt.

Die Pfirsichmauern von Montreuil

Im französischen Montreuil östlich von Paris wurden vom 17. bis 19. Jahrhundert Tausende von **Pfirsichbäumen** am Spalier gezogen, und zwar entlang von Mauern mit südlicher und östlicher Ausrichtung auf einer Gesamtlänge von 600 km. Diese Anbauweise erwies sich als so geeignet, dass selbst für die gefürchtete Kräuselkrankheit anfällige Sorten wie der „Venusbrustpfirsich" oder die „Grosse Mignonne" mit Erfolg kultiviert wurden. Nach dem Vorbild von Montreuil entstanden im 19. Jahrhundert auch die Lepère'schen Mauern als Teil des Königlichen Weinbergs von Sanssouci. Aufgrund des raueren Klimas war der Pfirsichanbau in Potsdam jedoch weniger erfolgreich.

Anbau im Kraterbeet

Kraterbeete ermöglichen den Anbau von Gemüse selbst an sehr trockenen Standorten. Es sind künstlich angelegte Mulden von 3 bis 15 m Durchmesser und 80 bis 300 cm Tiefe. Darin sickern die von Herbst bis Frühjahr fallenden Niederschläge an den tiefsten Punkt, wo sie gespeichert werden. Im Sommer sind die Pflanzen in der Mulde vor extremer Hitze geschützt. Die größten Kraterbeete werden terrassenförmig angelegt; die Terrassen sind 80 bis 100 cm breit, und es gibt eine Treppe als Zugang. Mit dem Erdaushub wird ein umlaufender Wall errichtet, auf dem **Melonen**, **Gurken** und **Kürbisse** gedeihen. Im unteren Teil wachsen **Kohl**, **Salat** und **Obstgehölze**, die so über das benötigte Wasser verfügen und zugleich einen Teil des Kraterbeets beschatten.

Schwammbeete

Diese Beete, die im Englischen *sponge beds* genannt werden, sind kleine Krater von 30 bis 50 cm Tiefe und 4 bis 5 m Durchmesser, die bis zum Rand mit organischem Material angefüllt werden. In der Mitte wird oft ein **Aprikosenbaum** oder ein anderer Obstbaum mit hohem Wasser- und Wärmebedarf gepflanzt, der als Wasser- und Nährstoffpumpe fungiert. Am Rand wachsen robuste Gemüsearten, die einen frischen Boden benötigen, etwa **Gurken** oder **Kürbisse**. Durch die Senkenform und die große Menge an organischem Material beim Anlegen des Beets wird im Schwammbeet auf begrenztem Raum besonders viel Feuchtigkeit aufgenommen und gespeichert, die den Pflanzen zugutekommt.

Klimatischer Nutzen der Agroforstwirtschaft

Jede Klimazone ermöglicht die Ansiedlung einer bestimmten Vegetation, die ihrerseits besondere klimatische Bedingungen verstärkt oder sogar erzeugt. Darin besteht der Vorteil der Agroforstwirtschaft, die ausdauernde Gehölze mit mehr oder weniger kurzlebigen, also einjährigen, zweijährigen und mehrjährigen krautigen Pflanzen so kombiniert, dass alle Pflanzen davon profitieren.

Eine natürliche Klimaanlage

Jeder hat schon feststellen können, dass im Winter der Frost im Wald weniger streng ist, während es im Sommer dort selbst bei großer Hitze angenehm kühl bleibt. Da die Verdunstung im Schatten geringer ist als in voller Sonne, bewahrt der Waldboden eine gewisse Feuchtigkeit; das Blätterdach der Bäume schützt ihn zudem vor heftigen sommerlichen Hagelschauern und damit davor, dass das Wasser nicht versickern kann. So ist die Flora des Unterholzes sowohl vor schwerem Frost als auch vor Hitze und Dürre geschützt. Wenn wir im Garten Nutzpflanzen – Obstbäume und -gehölze, Gemüse und Kräuter – entsprechend kombinieren, erhalten wir ein vergleichbares Mikroklima mit ganz ähnlichen Ergebnissen.

Der Obstgarten

Ganz gleich, über wie viel Platz Sie verfügen, ein Obstgarten nach dem Prinzip der Agroforstwirtschaft ist relativ einfach umzusetzen. Dazu gibt es verschiedene Möglichkeiten. Im **Waldgarten** werden hauptsächlich Bäume und Sträucher mit essbaren Früchten angepflanzt, während der **Oasengarten** ein möglichst harmonisches Miteinander von Obst- und Gemüsepflanzen anstrebt. Im Unterschied zu diesen beiden Formen, welche die gesamte Gartenfläche beanspruchen, wird eine **gemischte Obsthecke** aus mehrjährigen Gehölzen in einer Reihe gepflanzt. Gemüse und Kräuter werden dabei zwischen zwei Reihen von Obstgehölzen gesetzt, die mehr oder weniger weit auseinander liegen.

Das Problem der Helligkeit

Da die Obstbäume das Sonnenlicht abschirmen, könnte man meinen, dass die Helligkeit – oder vielmehr der Lichtmangel – zum entscheidenden Faktor dafür wird, ob die Pflanzen zu ihren Füßen gut oder schlecht gedeihen. In Wirklichkeit ist dies selten der Fall. In der kalten Jahreszeit behindern die kahlen Äste kaum den Einfall des spärlichen Winterlichts, und im Sommer ist so viel Sonnenlicht vorhanden, dass immer noch genug durch das Laub hindurchdringt, um den Bedarf der Pflanzen zu decken.

Stockwerkanbau

Alle **Obstgärten** bestehen aus Pflanzen, die ausgewachsen zwischen 30 und 40 cm beziehungsweise 10 m oder höher sind. Sie bilden mehrere Ebenen oder Stockwerke, von denen das oberste aus dem Blätterdach der **hochstämmigen Obstbäume** besteht. Ist ein solcher Garten ausgewachsen – etwa nach zehn Jahren –, hat er dieselben agronomischen Vorzüge wie ein Wald: Erhalt der Bodenstruktur, Stabilisierung der Erdkrume, Verringerung von Oberflächenwasser und Mineralstoffverlusten durch Sickerwasser/Auswaschung, ausgewogene Temperaturen usw. Da der Obstgarten durch seine in die Tiefe dringenden Wurzeln das Volumen der nutzbaren Erde erhöht und das in den unteren Bodenschichten vorhandene Wasser wie eine Pumpe nach oben befördert, ist diese Anbauweise besonders geeignet, um den Herausforderungen des Klimawandels zu begegnen.

Obstbäume als Windschutz

Im Nutzgarten werden Obstbäume in erster Linie wegen ihrer Früchte angepflanzt. Doch sie bieten noch viele weitere Vorteile: Einzeln oder als Hecke in einen Windkorridor gesetzt schützen sie empfindlichere Pflanzen, die in der Nähe wachsen, und aufgrund ihrer Funktion als Windschutz sorgen sie auch für geringere Wasserverluste. Eine Gruppe von Obstbäumen – dicht verstreut oder als Hecke gepflanzt – schützt einen Bereich, der zwei- bis zehnmal so breit ist wie die Höhe der Bäume.

Gute Pflege

Obstgärten sind und bleiben Gärten, und um reiche Erträge zu liefern, müssen sie gut gepflegt, also vor allem gewässert und geschnitten werden. Da junge Bäume rasch unter Wassermangel leiden können, ist es notwendig, sie im ersten Jahr nach der Pflanzung sehr gewissenhaft zu gießen. Später benötigen sie nur bei längeren Trockenzeiten ein oder mehrmals eine Wasserzufuhr. Mit fortschreitendem Alter versorgen sie sich zunehmend selbst, sodass man sie kaum noch oder gar nicht mehr gießen muss. Schneiden muss man sie hingegen weiterhin regelmäßig. Dabei wird die Baumkrone ausgelichtet und möglichst entsprechend der natürlichen Wuchsform der Art geschnitten (Apfelbäume eher kugelig, Birnen keilförmig, Pfirsiche sparrig usw.). Natürlich müssen auch die Eigenarten der Fruchtausbildung der jeweiligen Art berücksichtigt werden.

Mykorrhizapilze und Wasserversorgung

Im Obstgarten mit seiner Vielfalt an Pflanzen nehmen die Wurzeln im Erdreich beträchtlichen Raum ein. Dies ermöglicht die Bildung von Mykorrhizen, einer Symbiose von Pilzen und Wurzeln, welche die Aufnahme von Wasser aus den Mikroporen des Bodens – und parallel dazu den Austausch von Nährstoffen – begünstigt.

Geschützter Anbau: Gewächshäuser & Co.

Gewächshäuser, Folientunnel und Frühbeete bieten ein Mikroklima, das im Frühjahr zur Anzucht von Jungpflanzen, im Sommer für besonders wärmeliebende Kulturen und im Winter zum Schutz frostempfindlicher Pflanzen genutzt wird. Der Treibhauseffekt – also der natürliche Temperaturanstieg unter einer licht-, aber nicht luft- und wasserdurchlässigen „Glocke"– ermöglicht das Vorziehen oder die Verlängerung der Aussaatphasen und Ernten. Unter Glas oder Folie sind die Pflanzen außerdem vor abrupten Temperaturschwankungen, Starkregen und Hagel geschützt.

Unbeheizte Gewächshäuser und Tunnel

Professionelle Gewächshäuser sind in der Regel beheizt. Im Hausgarten begnügt man sich mit der unbeheizten Version, also mit Gewächshäusern und Tunneln, die sich ausschließlich durch den sogenannten Treibhauseffekt aufheizen. Dieser natürliche Temperaturanstieg genügt, um die Aussaat und das Umtopfen der Jungpflanzen vorzuziehen, die im Mai ins Freiland gesetzt werden. Außerdem wird dadurch das Überwintern empfindlicher, nicht frostharter Pflanzen ermöglicht, vor allem junger Sämlinge und Stecklinge von Nutzpflanzen, die im Frühjahr ausgepflanzt werden. Im Sommer sorgen die Temperaturen im Treibhaus dafür, dass auch wärmeliebende Pflanzen wie **Melonen** Früchte tragen.

Gewächshaus...

Gewächshäuser für den Hausgarten sind kleine Konstruktionen mit einer Struktur aus Aluminiumprofilen, seltener aus PVC. Sie sind 2 bis 3 m breit und 5 bis 6 m lang; ihre Verglasung besteht aus 3 mm dickem Gartenglas (klar oder genörpelt) oder aus 4 mm dicken Polycarbonat-Doppelstegplatten. Letztere sind schlagfester und verfügen über bessere Isolier- und Dämmeigenschaften. Die Belüftung erfolgt über ein oder zwei Schiebetüren und zwei, vier oder sechs Öffnungen in der Dachpartie. In erster Linie dienen Gewächshäuser der Anzucht von Gemüse und Kräutern. Lassen Sie sich von ihrer geringen Größe nicht täuschen: Zwischen der Aussaat im Frühjahr und der Stecklingsvermehrung im Herbst ermöglicht ein 2,60 m breites und 5 m langes Gewächshaus jedes Jahr die Anzucht von 5000 bis 6000 Pflänzchen – dies ist für einen Hausgarten allemal ausreichend. Stellen Sie es auf eine Reihe Spanplatten, die Sie auf ebenen, verdichteten Boden legen, und befestigen Sie es mit Ankerschrauben, damit es auch bei starkem Wind an seinem Platz bleibt. Ein schmaler Mittelgang erleichtert den Zugang und das Umräumen, ohne die für die Anzucht verfügbare Fläche zu sehr zu beschränken. Die Anzuchtbehältnisse – Anzuchtschalen und Topfplatten – werden direkt auf den Boden gestellt.

...und Folientunnel

Der Folientunnel oder das Foliengewächshaus besteht aus einem Gestell aus galvanisiertem Stahl von etwa 3 cm Durchmesser, das von einer einfachen oder verstärkten Folie aus Polyethylen oder PVC bedeckt ist. Er ist 2 bis 2,30 m hoch und 2 bis 6 m breit. Die Länge wird durch die Anzahl der Felder bestimmt, die in der Regel 1,50 m messen; möglich sind also 4,50 m, 6 m, 7,50 m, 9 m oder mehr. Die Tür oder die Türen – eine an jeder Schmalseite – und die Seitenteile, die sich manuell bis auf 70 bis 80 cm Höhe öffnen lassen, sorgen für gute Belüftung. Damit Ihr Folientunnel bei starkem Wind nicht davonfliegt, sollten Sie ihn im Boden verankern. Die meisten Hersteller bieten ein Befestigungssystem mit großen Bodenankern oder Schraubheringen an, die am Gestell des Tunnels fixiert werden.

Optimale Nutzung von Gewächshaus und Folientunnel

Ein kaltes Gewächshaus oder ein Folientunnel haben weder Heizung noch Thermostat. Es liegt also an Ihnen, den Unterschied zwischen Innen- und Außentemperatur zu regulieren. Diese Steuerung der Wärmeströmungen sind das A und O einer gelungenen Anzucht im Tunnel oder Gewächshaus. Je nachdem, welche klimatischen Bedingungen in einem Jahr herrschen, kann diese Regulierung einfach oder komplizierter sein.

Im Frühjahr

Nicht selten steigen an sonnigen Frühlingstagen die Temperaturen im Tunnel auf 25 °C, während die Außentemperatur hartnäckig bei etwa 10 °C verharrt. Wenn Sie Gewächshaus oder Tunnel verschlossen halten, speichert der Boden die Wärme des Tages und gibt in der Nacht nur einen Teil davon durch Strahlung wieder ab. Wenn Sie über die **Sämlinge in den Anzuchtschalen** und die jungen **eingetopften Setzlinge**, die direkt auf dem Boden stehen, ein Schutzvlies legen, wird der nächtliche Wärmeverlust verringert und die Wärme wird direkt am Fuß der Pflanzen konzentriert. So konnte ich im April 2021 am frühen Morgen unter dem Schutzvlies im Tunnel 12 °C messen, während die Außentemperatur auf 0 °C gefallen war. Ist die Kältewelle vorüber, genügt es, tagsüber die Luken zu öffnen, um die Temperaturen im Gewächshaus zu regulieren. In der Nacht sollten diese jedoch besser geschlossen werden, solange die vorhergesagten Frühtemperaturen unter 15 °C liegen.

Anzucht auf dem Boden oder auf Regalen?

Im Tunnel oder Gewächshaus sollten die Anzuchtschalen mit der Aussaat oder die eingetopften Setzlinge am besten direkt auf den Boden gestellt werden. Wenn es sehr warm oder sehr kalt wird, ist die Regulierung zwischen Innen- und Außentemperatur in Höhe der Regale schwieriger, da die Luft die Schwankungen zwischen Tages- und Nachttemperaturen weniger gut ausgleichen kann als der Boden.

Im Sommer

Im Sommer bleiben alle Türen und Luken stets geöffnet, sodass tagsüber die warme Luft aus dem Gewächshaus oder Tunnel entweichen und nachts kühlere Luft von draußen hereinströmen kann. Dieser passive Luftaustausch genügt für den Temperaturausgleich zwischen Juni und September, zumal zu dieser Jahreszeit im Gewächshaus ohnehin nur sehr wärmeliebende Pflanzen angebaut werden, etwa **Wassermelonen** und sonstige **Melonen** sowie **Gurken**, **Tomaten**, **Paprika** und **Auberginen**. Eine zusätzliche Beschattung kann für **im Sommer gezogene Stecklinge** notwendig werden, die bis zu ihrer Bewurzelung warme, aber nicht zu heiße Temperaturen (etwa 22 bis 25 °C) und eher feuchte Luft benötigen. Auch hier wird die Temperatur durch Öffnen und Schließen der Türen und Luken geregelt, und das Abdecken mit einem regelmäßig angefeuchteten Vlies schützt die Stecklinge bis zur Ausbildung der ersten Wurzeln.

Natürlicher Schatten

Im Idealfall wird der Standort des Gewächshauses so gewählt, dass es im Winter möglichst hell ist, im Sommer hingegen schattiger. Wenn Sie zum Beispiel einen **Feigenbaum** an die Südseite pflanzen, wird das Gewächshaus den ganzen Sommer über durch das dichte Laub beschattet. Ab dem ersten Frost im Herbst verliert der Baum sein Laub, sodass es im Gewächshaus im Herbst und Winter schön hell wird – und sogar bis in den Frühling hinein, da die neuen Blätter des Feigenbaums in der Regel erst in der zweiten Aprilhälfte erscheinen.

Im Herbst

Im Herbst erfolgt die Temperaturregulierung im Gewächshaus oder Tunnel ganz ähnlich wie im Frühjahr. Türen und Luken werden geöffnet, wenn die Tagestemperaturen über auf 20 °C steigen und die Sonne scheint. Nachts werden sie geschlossen, wenn Nachttemperaturen unter 15 °C angekündigt sind. Bei bedecktem Himmel ist der Unterschied zwischen Außen- und Innentemperatur in der Regel gering beziehungsweise gleicht sich an. Unterhalb von 20 °C sollten Gewächshaus und Tunnel besser verschlossen bleiben. Dieser Wechsel aus Öffnen und Schließen sorgt dafür, dass auch noch in dieser Jahreszeit **Tomaten**, **Paprika** und **Gurken** angebaut werden können und die im Herbst ausgesäten Arten wie **Ganzjahres-Radieschen**, **Kopfsalat**, **glatte** und **krause Herbstendivien**, **Chinesischer Blattkohl**, von dem die zarten Sprosse geerntet werden, **Rucola** und **Chinesischer Senfkohl** gedeihen.

Im Winter

Bei bedecktem Himmel gleichen sich auch im Winter die Innen- und Außentemperaturen tendenziell an. Dabei spielen jedoch auch das Material des Gewächshauses oder Tunnels und die Qualität der Isolierung eine Rolle. Selbst wenn alle Öffnungen dauerhaft geschlossen bleiben, gilt: Fällt die Außentemperatur nachts unter -10 °C, sinkt auch die Innentemperatur so weit, dass sie nur 2 oder 3 °C höher liegt. Ein zusätzlicher Schutz – Winterschutzvlies oder angehäufeltes Stroh – ist unerlässlich, um die **Winterkulturen** sowie die im Sommer ausgesäten oder durch **Stecklinge** gezogenen Pflänzchen zu schützen, die im Frühjahr ausgepflanzt werden sollen.

Vliesschutz und Abdeckung mit Stroh

Auch im Gewächshaus oder Tunnel wird ein zusätzlicher Winterschutz für die Pflanzen benötigt. Wenn der Wetterbericht für die Nacht geringe Minusgrade vorhersagt (bis –3 °C), genügt ein leichtes Garten- oder Frühbeetvlies, um die Pflanzen vor dem Frost zu schützen. Drohen die Temperaturen bis auf –5 °C zu sinken, sollte eine doppelte oder dreifache Lage Vlies (oder ein entsprechend dickeres Winterschutzvlies) angebracht werden. Unterhalb von –5 °C müssen die Pflanzen zusätzlich mit trockenem Stroh abgedeckt werden, und zwar umso dicker, je niedriger die angekündigten Temperaturen sind. Auf diese Weise konnte ich im Tunnel in Bodennähe Plusgrade aufrechterhalten, selbst als die Frühtemperaturen bis auf –15 °C fielen!

An den Klimawandel angepasste Sorten

Jede Art von Gemüse, Kräutern oder Obst hat ihre eigenen Bedürfnisse. **Kopfsalat, Tomaten, Bohnen, Zwiebeln, Petersilie, Basilikum, Äpfel, Birnen, Pfirsiche, Aprikosen** … sie alle stellen im Anbau besondere Anforderungen an die Temperaturen, die Wasserversorgung und die Bodenqualität. Hinzu kommt, dass es von den meisten im Garten angebauten Arten verschiedene Sorten gibt, deren Bedürfnisse sich oft erheblich unterscheiden.

Artenvielfalt – ein Garant für Stabilität

Aufgrund der klimatischen Veränderungen auf den Anbau bestimmter Gemüse, Kräuter oder Früchte zu verzichten, bringt etliche Nachteile mit sich. Zum einen für Sie selbst – wenn Sie die Arten nicht mehr anbauen, können Sie sie auch nicht mehr ernten und genießen –, doch vor allem für Ihren Garten. Dieser wird geschwächt, wenn Sie die Bandbreite der angebauten Arten reduzieren. Die Erfahrung zeigt, dass ein Garten mit einer reichen und vielfältigen Vegetation weniger anfällig für die verschiedenen Risiken und Probleme des Anbaus ist. Das Motto der Permakultur, „Je größer die Biodiversität, desto stabiler und widerstandsfähiger ist das System“, bewährt sich auch angesichts des Klimawandels.

Sellerie, vor allem **Knollensellerie**, ist eine Art, die viel Wärme, Wasser und einen humus- und mineralstoffreichen Boden benötigt. Außerdem ist er anfällig für verschiedene Pilzerkrankungen wie die Blattfle ckenkrankheit (manchmal fälschlicherweise „Sellerie-Rost“ genannt) und Mehltau, welche den Ertrag verringern oder die Ernte ganz vernichten. Wenn man Sellerie mag, sollte man auf ihn verzichten, nur weil sein Anbau schwierig ist?

Jahrelange Forschung

Als junger Gärtner begann ich, **Knollensellerie** der Sorte „Prager Riese“ anzubauen. Das Problem war, dass diese Sorte, die dicke Knollen ausbilden sollte, in meinem Garten nur kleine Knöllchen hervorbrachte. Also wechselte ich zu „Monarch“, einer robusteren, ertragreicheren Sorte. Diese kam jedoch mit den trockenen Sommern in meiner Region nur sehr mäßig zurecht. Ich suchte weiter und stieß auf die Sorte „Ibis“, die mir fortan wenn auch keine großen, aber doch schöne Knollen mit weißem Fleisch lieferte. Aufgrund der wiederholten Trockenheit der vergangenen Jahre wurden die Knollen leider kleiner und die Pflanzen krankheitsanfälliger. So machte ich mich wieder auf die Suche und testete die Sorte „Prinz“, die mit den Bedingungen in meinem Garten wunderbar zurechtkommt.

Geeignete Sorten finden!

Gartenneulinge machen sich oft viel zu viele Gedanken um die Sortenwahl – oder sie denken überhaupt nicht darüber nach. Am besten ist der goldene Mittelweg: Die Wahl der Sorte ist wichtig, doch sie ist nicht alles! Die richtige Sorte zu finden ist zudem gar nicht so einfach und braucht seine Zeit. Zuerst muss man sich informieren, indem man Sortenlisten und Gartenliteratur studiert und auch einen Blick in die Kataloge der diversen Anbieter wirft. Doch das genügt nicht! Sprechen Sie mit den erfahrenen Gärtnern in Ihrer Nachbarschaft und fragen Sie, welche Sorten sie anbauen. Dann treffen Sie Ihre Wahl und pflanzen die glücklichen Auserwählten an. Sind Sie mit dem Ergebnis zufrieden, bleiben Sie dauerhaft bei diesen Sorten – ansonsten suchen Sie weiter! So selektieren Sie nach und nach die für Sie wertvollsten Sorten, die auch mit dem Klimawandel am besten zurechtkommen.

Bei einer Sorte bleiben oder etwas Neues ausprobieren?

Auch wenn es spannend ist, neue Sorten auszuprobieren, sollte man nicht systematisch alte Sorten aufgeben, die gute Erträge bringen. Testen um des Testens willen führt zu nichts. Ich habe mir angewöhnt, in meinem Gemüsegarten von einem Jahr auf das andere etwa acht von zehn Sorten beizubehalten. Die acht Sorten sichern meinen Ertrag, die anderen beiden erlauben mir, vielleicht etwas Besseres zu finden. Welche Sorten man behalten oder aufgeben soll, ist oft schwer zu entscheiden. Mir passiert es immer wieder, dass ich auf vor Jahren aufgegebene Sorten zurückkomme.

Obstsorten: Ein Sonderfall

Ob eine ausgewählte Gemüsesorte geeignet ist oder nicht, sehen Sie gleich im ersten Jahr. Im ersten Fall bauen Sie sie erneut an, ansonsten geben Sie sie auf und suchen nach etwas Besserem. Beim **Obst** ist die Sortenwahl nicht so einfach. Oft dauert es ungefähr zehn Jahre, bis Ihnen klar wird, dass die gewählte Sorte doch nicht optimal für Ihren Garten ist: schlechte Qualität der Früchte, Frostempfindlichkeit im Frühjahr, Anfälligkeit für Krankheiten und Schädlinge, ungleichmäßige Erträge usw. Wenn Sie Ihre Bäume in einer Baumschule Ihrer Umgebung kaufen, senken Sie das Risiko solcher Pleiten – ganz ausschließen lässt es sich jedoch nicht.

Verfeinern Sie Ihre Recherchen, indem Sie sich bei Ihren Nachbarn, bei regionalen Obstanbauverbänden oder Obstbauern nach den dankbarsten Sorten erkundigen. Wenn deren Sorten in Ihrer Nähe zufriedenstellende Ergebnisse erbringen, stehen die Chancen gut, dass dies auch in Ihrem Garten so sein wird. Falls Sie sich auf diesem Gebiet ein wenig auskennen, können Sie die gewünschten Sorten auch durch Stecklinge (Obststräucher) oder Veredelung (Obstbäume) vermehren.

Die richtige Sorte wählen … aber auch die richtige Veredelungsunterlage

Die meisten Obstsorten – **Äpfel**, **Birnen**, **Kirschen**, **Pfirsiche**, **Aprikosen** und **Pflaumen** – werden durch Veredelung vermehrt. Dabei kommt es darauf an, die richtige Sorte zu wählen, aber auch die richtige Veredelungsunterlage. Letztere ist tatsächlich entscheidend für das zukünftige Wachstum des Baumes sowie für die Qualität, Kontinuität und Menge seiner Erträge. Je nach den zu veredelnden Sorten geben Ihnen regionale Obstanbauverbände oder eine Baumschule, die selbst Veredelungen durchführt, Auskunft über die geeignetsten Unterlagen für Ihre Zwecke.

Der Gartenkalender im Wandel

Mit dem aktuellen Klimawandel umzugehen bedeutet, bestimmte Gewohnheiten im Gemüsegarten zu ändern. Doch das genügt nicht! Wir müssen die verschiedenen Arbeiten, die im Laufe des Gartenjahrs anfallen, neu organisieren und unseren Gartenkalender anpassen, wenn wir weiterhin unser Hauptziel erreichen wollen: den klimatischen Veränderungen zum Trotz ganzjährig Gemüse, Kräuter und Früchte zu ernten.

Dezember bis Februar

Nach den ersten Frösten fallen im Garten weniger Arbeiten an, doch ein wenig gibt es immer noch zu tun. Die geringste mildere Wetterlage muss man ausnutzen, um Pflanzen zu schneiden oder auszulichten, etwas aufzuräumen oder neu zu pflanzen. Verfolgen Sie regelmäßig den Wetterbericht und bringen Sie bei einem angekündigten Temperatursturz rechtzeitig einen Winterschutz an. Bei kaltem, feuchtem Wetter ist das Beste, was man im Garten tun kann … gar nichts.

Saisonale Ernte

Entgegen den landläufigen Vorstellungen ist der Winter im Hausgarten keine Zeit des Mangels. Robuste Pflanzen, die im Beet bleiben, können

geerntet werden, und nicht winterharte Zwiebeln, Wurzeln und Knollen werden im Herbst im Keller oder Erdkeller eingelagert und stehen so wochenlang zur Verfügung. Gleiches gilt für die verschiedenen Zwiebelgewächse – **Knoblauch**, **Zwiebeln** und **Schalotten** – sowie die **Kürbisse**, die im Keller oder in einem unbeheizten Raum gelagert werden. **Blattgemüse** gibt es weniger, doch **Chicorée** und **Endivien** sind ein guter Ersatz. Außerdem sind die Vorräte an in Gläsern eingemachtem oder eingefrorenem Obst und Gemüse jetzt bis zum Anschlag gefüllt.

Ernte von Dezember bis Februar

J	F	M	A	M	J	J	A	S	O	N	D	
■	■	■								■	■	Ernte nach Bedarf: **Lauch**, **Grünkohl**, **Wirsing und Rosenkohl**, **Feldsalat**, winterharter **Radicchio**, **Spinat**.
■	■	■	■							■	■	Ernte nach Bedarf: am Herbstanfang ausgesäte **Petersilie** und **Kerbel**.
■	■	■	■								■	Ernte (Ausgraben) nach Bedarf: **Wintermöhren** im Beet, **Pastinaken**, **Knollenziest**, **Topinambur**, **Helianthi** (**Sonnenwurzel**), **Schwarzwurzeln** und **Haferwurzeln**.
■	■	■	■								■	Bei mildem Wetter kann ab Dezember der **Winterportulak** gepflückt werden. Ist es zu Beginn des Winters sehr kalt, muss man mit dem Beginn der Ernte bis Januar oder Februar warten.
■	■	■	■					■	■	■	■	In einem trockenen, dunklen und kalten, frostfreien Keller gelagert (idealerweise bei 3 oder 4 °C) halten sich **Kartoffeln** bis März oder April. Liegt die Lagertemperatur über 6 °C, keimen die Kartoffeln und müssen regelmäßig entkeimt werden.
■	■	■	■	■						■	■	**Winterkürbisse** mögen ebenfalls eine dunkle, jedoch noch trockenere und etwas wärmere Umgebung, idealerweise zwischen 10 **und** 15 °C. Die Lagerzeit von **Riesenkürbis**, **Hokkaidokürbis** und **Bischofsmütze** (**Turbankürbis**) geht im März zu Ende, doch **Butternutkürbisse** sind bis in den Mai oder noch länger lagerfähig.
■	■	■	■	■					■	■	■	**Süßkartoffeln** werden am besten trocken und zwischen 15 und 18 °C gelagert (etwa in einem unbeheizten Raum im Haus).

J	F	M	A	M	J	J	A	S	O	N	D	
■	■	■	■							■	■	**Knollensellerie**, **Rote Bete**, **Herbstrüben**, **Winterradieschen** und generell alle **frostempfindlichen Wurzelgemüse** werden im Keller oder Erdkeller eingelagert. Nur in Regionen, in denen das Thermometer im Winter unter -18 °C fallen kann, müssen **Lagermöhren** aus der Erde gezogen und eingelagert werden. Ansonsten überwintern sie im Beet unter einer dicken Strohschicht.
■	■	■	■				■	■	■	■	■	Für den Winter eingelagerte **gelbe** und **rote Zwiebeln**, **Schalotten** und **Knoblauch** vertragen Kälte und sogar Frost, jedoch keine Feuchtigkeit. Geeignet ist daher ein unbeheizter, aber trockener Raum (Keller, Dachboden). Auf diese Weise halten sich alle **weißen** und vor allem die **rosa Knoblauchsorten** bis zur ersten Ernte des frischen, im Herbst gepflanzten **violetten Knoblauchs**.
■	■	■	■						■	■	■	Durch regelmäßige Vorkultur im Frühbeet können Sie stets kleine Mengen **Chicorée** (z. B. die Sorte „Witloof") und **Blattzichorien** (z. B. „Kapuzinerbart") ziehen und so den ganzen Winter hindurch über frischen Salat verfügen.

Ausgefallene Wintergemüse...

Im Keller oder Erdkeller gelagert halten sich die Rhizome von **Knolligem Sauerklee**, **Knolliger Kapuzinerkresse**, **Erdmandel**, **Indischem Blumenrohr**, **Kerbelrübe**, **Erdbirne** und **Yacón** bis in den April hinein, ebenso wie **Kartoffeln**, **Knollensellerie** und **Rote Bete**. Die winterharten Wurzelknollen der **Chinesischen Yamswurzel** und des **Knollenziests** (siehe Foto) halten sich besser an Ort und Stelle. Gleiches gilt für das **Barbarakraut**, ein seltenes winterhartes Blattgemüse, das auch Winterkresse genannt wird.

Winterfeste Gemüsesorten…

Einige Gemüsearten sind je nach Sorte unterschiedlich winterhart. So sind die meisten **Lauch**sorten unempfindlich, vor allem jene mit sehr dunklen, blaugrünen Blättern, doch einige Sorten (etwa D'Elbeuf, Tenor oder blaugrüner Herbst) werden als Herbstlauch angebaut, da sie frostempfindlich sind. Auch einige hellblättrige Sorten des **Radicchio**, zum Beispiel „Variegata castelfranco di Lusia", vertragen kein dauerhaft feuchtkaltes Wetter. Je nach Gemüseart spielt auch die geringe Helligkeit im Winter eine Rolle: **Herbstendivien** und **Winterkopfsalat** entwickeln sich nach der Herbst-Tagundnachtgleiche schneller als die Sommersorten.

Was jetzt im Garten zu tun ist

- Den letzten Winterschutz für die Pflanzen anbringen oder vervollständigen. Die Wasserpumpe und alle Vorrichtungen zum Gießen müssen nun geleert werden. Dezember ist der letzte Zeitpunkt zum Ausleeren von Regentonnen, um zu verhindern, dass sie bei Frost platzen.
- Einen trockenen, schön sonnigen Tag nutzen, um die abgeernteten Beete (Spätsommer- und Herbstgemüse) zu säubern.
- Komposterde oder auch frischen oder verrotteten Stallmist auf dem zuvor mit der Doppelgrabegabel aufgelockerten Boden verteilen, und zwar gleichmäßig und in einer nicht zu dicken Schicht, denn zu dieser Jahreszeit geht es mehr um Bodenverbesserung als um eine schützende Strohschicht.
- Der Boden, die Grundwasserspeicher und die grundwasserführenden Schichten füllen sich im Winter wieder mit Wasser (oder sollten es zumindest). Verdichtete Böden sollten gelockert werden, damit das Regenwasser besser eindringen kann.
- Über den ganzen Winter stets Regenwasser aus den Fallrohren auffangen und am Fuß ausgewachsener **Obstbäume** ausgießen.
- Die an Ort und Stelle gelassenen **Wurzelgemüse** mit einer dicken Stroh- oder Laubschicht schützen, damit sie selbst bei Frost weiterhin geerntet werden können. Bei einem angekündigten neuen Kälteeinbruch die vorhandene Schicht erneuern.
- **Lagergemüse** und **-obst** im Keller oder Erdkeller kontrollieren; Verdorbenes aussortieren.

Für eine kontinuierlich gestaffelte Ernte in regelmäßigen Abständen Vorkulturen von **Chicorée** und **Endivien** ziehen.

Die beste Zeit zur Gewinnung von Pfropfreisern und verholzten Stecklingen ist im Dezember/Januar, nach den ersten Kälteperioden, aber vor den strengen Frösten. Pfropfreiser werden mit der Gartenschere geschnitten und kalt, aber frostfrei an einer Nordseite gelagert. Steckhölzer werden direkt an Ort und Stelle in die Erde gesteckt oder bis März in einem kühlen Keller aufbewahrt.

Am Ende des Winters vorsichtig die ersten Sämlinge ziehen, sowohl im Frühbeet als auch im Freiland.

Vorbeugen ist besser als heilen!

Schäden durch strengen Frost sind tückisch, und wenn der Frost einmal zugeschlagen hat, ist nichts mehr zu retten. Der Schaden ist angerichtet: Die Wasserleitungen sind geplatzt, ebenso wie die saftführenden Gefäße, die Ihre Pflanzen versorgen. Ein Zurück gibt es nicht. Die einzige Art und Weise, sich vor Frostschäden zu schützen, ist … dafür zu sorgen, dass sie gar nicht erst auftreten. Vorbeugen ist also das Motto.

Gartenkalender von Dezember bis Februar

J	F	M	A	M	J	J	A	S	O	N	D	
												Das vertrocknete Kraut des **grünen** und **violetten Spargels** abschneiden. **Weißen Spargel** schneiden und die angehäufelten Reihen einebnen. Komposterde oder Stallmist auf den Reihen verteilen.
												Den Winterschutz am Fuß von **Artischocken**pflanzen kontrollieren und bei Bedarf verstärken, wenn längere Frostphasen mit -10 °C oder mehr angekündigt sind.
												Bei einem vorhergesagten Kälteeinbruch **Petersilie** und **Kerbel** mit Vlies abdecken.

J	F	M	A	M	J	J	A	S	O	N	D	
■	■										■	Bei einem angekündigten Temperatursturz **Wintermöhren** und **Lauch** mit Stroh abdecken, damit sie auch bei Frost aus der Erde gezogen werden können.
■	■										■	Falls noch nicht geschehen, **Spinat**, **Feldsalat**, **Endivien** und **Herbstkopfsalat** mit Winterschutzvlies abdecken. Ist starker Schneefall vorhergesagt, den Schutz entfernen, damit die Pflanzen nicht von dem Gewicht der weißen Decke erdrückt werden.
■	■	■									■	**Lageräpfel** und **-birnen** regelmäßig kontrollieren, ebenso **Riesen**- und **Hokkaidokürbisse**, **Turban**- und **Butternutkürbisse** sowie alle anderen im Keller eingelagerten **Winterkürbisse**. Verdorbene Exemplare aussortieren.
■	■	■								■	■	Wenn die Temperaturen es erlauben, mit dem Schnitt der Obstbäume beginnen, vor allem an **Apfel-** und **Birnbäumen** (Pflaumen, Kirschen und generell alle Steinobstbäume werden am besten bereits geschnitten, sobald sie das Laub abwerfen).
■											■	Steckhölzer von **Schwarzen** und **Roten Johannisbeeren** sowie **Jostabeeren** schneiden. Diese können an Ort und Stelle in die Erde gesteckt oder bis zum endgültigen Stecken im März im Keller oder an einem kalten Platz (Nordseite) aufbewahrt werden.
■											■	Pfropfreiser von **Apfel-**, **Birn-**, **Pflaumen-** und **Kirschbäumen** schneiden, die zur Geißfußveredelung im Frühjahr bestimmt sind. Auch diese an einem kalten Platz (Nordseite) lagern.
■											■	Um **Himbeersträucher** zu vermehren, Ableger aus Wurzelstücken schneiden (Wurzelschnittlinge). In der Regel werden zur Vermehrung jedoch einfach über Ausläufer gebildete Jungruten verpflanzt.

J	F	M	A	M	J	J	A	S	O	N	D	
												Wenn die Erde frostfrei und nicht zu nass ist, den zur Ernte im Frühjahr bestimmten **Kulturlöwenzahn** anhäufeln.
												Zur Vermehrung bestimmte **Süßkartoffeln** an einem hellen und warmen Platz (22 bis 25 °C) vortreiben. Gleichmäßiges Feuchthalten fördert den Austrieb.
												An frostfreien Tagen den Schnitt von **Roten** und **Schwarzen Johannisbeeren** sowie **Himbeeren** beenden.
												Im Keller oder Erdkeller gelagerte und zur Auspflanzung im April bestimmte **Kartoffeln** bei 18 bis 20 °C an einem hellen Platz vorkeimen.
												Wenn die Wetterlage es erlaubt, **Ackerbohnen** in Reihen oder in Pflanzlöchern aussäen.
												Weißen Knoblauch („Thermidrome", „Messidrome" ...), **Steckzwiebeln** („Sturon", „Stuttgarter Riesen", „Red Baron" ...) und **Frühjahrsschalotten** („Longor", „Red Sun" ...) stecken. Bei Frostgefahr ist es besser, sie erst im März ins Freiland auszupflanzen.
												Nantaise-Möhren und **Pastinaken** werden ab den ersten milden Frühjahrstemperaturen ausgesät. Lassen diese noch auf sich warten, die Aussaat besser auf März verschieben.
												Im Frühbeet die ersten **Blattsalate**, **Frühjahrsrettich**, **Mairüben** und **Pariser Karotten** („Marché de Paris") aussäen.
												Letzter Zeitpunkt zur Pflanzung von **Erdbeeren**, wenn diese im Herbst nicht möglich war.
												Mehrjährige Kräuter wie **Salbei**, **Ysop**, **Bohnenkraut**, **Thymian** oder **Rosmarin** schneiden.

J	F	M	A	M	J	J	A	S	O	N	D	
												Liebstöckel und **Rhabarber** im Freiland vermehren. Dazu einen großen Wurzelstock mit einem oder mehreren Blattansätzen mit dem Spaten teilen.

Kulturen unter Glas oder Folie

Im Winter beherbergen Gewächshaus und Tunnel die im Sommer ausgesäten oder durch Stecklinge vermehrten Jungpflanzen, mäßig winterharte Kübelpflanzen und zur Ernte im Winter bestimmte Herbstaussaaten. **Zitruspflanzen im Kübel** und andere besonders **frostempfindliche Gewächse** überwintern in einem hellen, unbeheizten Raum im Haus.

Mehrjährige Kräuter, die im Juni ausgesät (**Schnittlauch**, **Schnittknoblauch**, **Liebstöckel** ...) oder durch Stecklinge vermehrt (**Thymian**, **Bohnenkraut**, **Ysop**, **Salbei**, **Rosmarin** ...) und im August/September umgetopft wurden, ziehen im Oktober oder November ins Gewächshaus um. Bei angekündigten Minusgraden werden sie mit Frühbeet- oder Winterschutzvlies abgedeckt. Bei Temperaturen zwischen -3 °C und -8 °C mehrere Lagen Vlies verwenden. Unter -8 °C zusätzlich mit einer Strohschicht bedecken (je tiefer die Temperaturen, desto dicker). Ist die Kältewelle vorüber, den Winterschutz wieder entfernen. Bei den wieder aufgedeckten Pflanzen die Feuchtigkeit der Wurzelballen kontrollieren und die Pflanzen bei Bedarf gießen. Ab den ersten milderen Temperaturen werden diese Jungpflanzen pinziert (entspitzt).

Eine Belüftung von Gewächshaus oder Tunnel ist im Winter nur bei

„Vorbeugend“ gießen

Im Winter herrscht in der Regel kein Wassermangel. Regenwasser oder Tauwasser von Schnee auf Ihrem Dach sollten Sie dennoch nicht ungenutzt in die Kanalisation fließen lassen, sondern auffangen und Ihre Obstbäume und Sträucher, die schon lange am gleichen Standort stehen, damit gießen. Diese Gehölze haben zwar ihr Laub abgeworfen und benötigen daher weniger Wasser, doch durch dieses „vorbeugende“ Gießen helfen Sie, die Wasserreserven im gesamten Wurzelbereich der Pflanzen aufzufüllen.

außergewöhnlich mildem, feuchtem Wetter erforderlich. Um Kondenswasser verdunsten zu lassen, genügt es, tagsüber die Türen und Luken für ein paar Stunden zu öffnen. Bei „normalem“ Winterwetter bleiben die Luken stets geschlossen, um Pflanzenschäden durch die tieferen Nachttemperaturen zu vermeiden.

Vorgezogener Blattsalat, **Endivien**, **Rucola**, **Koriander**, **Chinesischer Senfkohl**, **Pak Choi**, **Mizuna** und alle **Kreuzblütler**, von denen die **jungen Sprosse geerntet** werden, müssen alle 10 bis 15 Tage gegossen werden. Zugleich wird fortwährend nach Bedarf geerntet. Sinken die Temperaturen unter den Gefrierpunkt, werden die Pflänzchen mit Frühbeet- oder Winterschutzvlies abgedeckt. Um Pflanzenschäden oder Fäulnis durch Pilze zu vermeiden, nur möglichst trockene Pflanzen abdecken.

Zitrusgewächse und andere **im Haus überwinternde Pflanzen** werden nur sehr sporadisch gegossen – im Durchschnitt etwa alle drei Wochen einmal.

Ab Ende Februar beginnen Sie mit der Aussaat von **Paprika** und **Auberginen** in Anzuchtschalen. Die schnellwüchsigeren **Tomaten** werden erst in der ersten Märzhälfte ausgesät.

Salatkräuter

Für eine preisgünstige Abwechslung bei den sogenannten Salatkräutern säen Sie in einer Schale oder einem Topf **Gartenkresse** aus, und zwar an einem hellen Platz im Haus, etwa auf der Fensterbank. Die Kresse keimt innerhalb weniger Tage – so haben sie selbst mitten im Winter frische Kräuter zur Verfügung.

März und April

Die erste Aussaat erfolgt im Februar, doch erst mit der Obstbaumblüte beginnt wirklich die Gartensaison. Allerdings noch unter Vorbehalt, denn selbst wenn das Wetter länger mild bleibt, droht immer noch weißer Frost (Reif). Gehen Sie also mit Begeisterung, aber auch mit Vorsicht ans Werk.

Danke, Wetterdienst!

Die Wettervorhersagen sind kein Evangelium. Dennoch sind die Prognosen für die folgenden drei oder vier Tage erstaunlich zuverlässig, vor allem bezüglich der Frühtemperaturen – und diese Information ist im Frühjahr entscheidend. Sie ermöglicht es, das Risiko von Frostschäden zu minimieren, indem man rechtzeitig einen Winterschutz anbringt. Ein Temperaturunterschied von 2 °C oder 3 °C im Folientunnel kann ausschlaggebend sein, und um diesen zu erreichen, genügt oft schon das Anbringen eines einfachen Vliesschutzes. Daher sollte man unbedingt regelmäßig oder besser täglich einen detaillierten Wetterbericht lesen.

Saisonale Ernte

Die letzten Reste der im Beet verbliebenen winterharten Sorten sowie der frostempfindlichen Arten, die im Haus in einem unbeheizten Raum, im Keller oder Erdkeller überwintert haben, sind so ziemlich das einzige frische Gemüse, das uns im März und April zur Verfügung steht. Damit die

Vorräte sich möglichst lange halten, muss man sie regelmäßig kontrollieren und verdorbene Exemplare aussortieren. In sterilisierten Gläsern eingemachtes oder auch eingefrorenes Gemüse aus der reichen Ernte des Sommers bildet eine wertvolle Ergänzung. Ab Ende März und vor allem im April beginnt im Gemüsegarten und im geschützten Anbau die erste Ernte der zwischen November und Februar ausgesäten oder vorgezogenen Gemüse.

Ernte im März/April

J	F	M	A	M	J	J	A	S	O	N	D	
												Ernte von **Winterkohl** – **Rosenkohl**, **Wirsing** und **Grünkohl** – sowie im Beet verbliebener **Pastinaken**, **Lauchstangen** und **Karotten**.
												Mit der ersten Wärme Ende April endet die Ernte von **Feldsalat** und **Winterspinat**.
												Fortsetzung der Ernte von **Petersilie** – vor allem der glatten Petersilie, die winterhärter ist als die krause – sowie von **Schnittsellerie** (ein zweijähriges, winterhartes Würzkraut) und **Echtem Kerbel**.
												Ernte nach Bedarf: im kühlen Keller oder Erdkeller eingelagerte **Kartoffeln**, **Knollensellerie**, **Rote Bete**, **Herbstrüben** und **Winterrettich**.
												Auf dem Dachboden oder im Keller trocken und kühl gelagerte **Knoblauchknollen**, **Zwiebeln** und **Schalotten** nach Bedarf verbrauchen.

J	F	M	A	M	J	J	A	S	O	N	D	
■	■	■	■	■						■	■	**Süßkartoffeln** sind kühl (in einem unbeheizten Raum im Haus) bis in den Mai lagerfähig.
■	■	■	■	■						■	■	**Butternut** und andere gut lagerfähige **Winterkürbisse** (Sorten „Melonnette Jaspée de Vendée“, „Musquée de Provence“, „Tristar“, „Futsu Black“) halten sich bis in den Mai.
		■	■									Nach Bedarf **Winterkopfsalat** ernten, der ab März Köpfe ausbildet. In der zweiten Aprilhälfte wird dieser vom ersten **Frühjahrskopfsalat** abgelöst, der im Februar ausgesät und im März pikiert wurde.
		■	■									**Schnittlauch** und **Liebstöckel** können ab den ersten milden Perioden zum Ende des Winters geerntet werden. Zwei oder drei Wochen später folgen die Blätter des **Bärlauchs** (für die Ernte der Blüten muss man bis Mai warten).
		■	■	■								Nach Bedarf die jungen Triebe des **Sprossenbrokkolis** ernten.
			■	■								**Rhabarber**stiele ernten (abschneiden).
			■	■								Nach Bedarf junge Sprosse von **Rucola**, **Mizuna**, **Ackersenf** und **Gartenkresse** ernten, die Ende Februar und im März an geschütztem Standort ausgesät wurden.
			■	■	■							**Weißen, grünen** und **violetten** Spargel ernten, sobald sich die ersten Triebe zeigen. Die Ernte regelmäßig bis zum Johannistag (24. Juni) fortsetzen. Der Johannistag ist nach wie vor der Stichtag für das Ende der Spargelernte.
			■	■	■							Die sechs Wochen zuvor ausgesäten jungen **Frühlingsradieschen** ernten sowie zwei bis drei Wochen später die ersten **Mairüben**.

Ausgefallene Frühjahrsgemüse

Gemüseampfer (auch **Gartenampfer** oder **„Ewiger Spinat"**), **Garten-Pimpinelle**, **Melde**, **Schnittknoblauch**, **Guter Heinrich**, **Hirschhorn-Wegerich** und **Ewiger Kohl** sind Blattgemüse, die bis in den Hochsommer geerntet werden können. Im Frühjahr sind die jungen Triebe und zarten, saftigen Blätter jedoch wesentlich besser.

Was jetzt im Garten zu tun ist

Plötzliche Kälteeinbrüche – ob mit oder ohne weißen Frost (Reif) – sind noch nicht auszuschließen, und die Kälteschutzvliese haben im Gewächshaus wie im Freiland noch nicht ausgedient.

Außer in einem sehr trockenen Frühjahr muss im Gemüsegarten im Frühjahr nicht unbedingt gegossen werden (außer natürlich im Gewächshaus oder Tunnel). Es genügt, die Aussaaten und Setzlinge zu beobachten und nach Bedarf zu gießen. Gegossen wird bevorzugt morgens oder tagsüber, um nicht scharenweise Schnecken anzulocken, die sich rasant vermehren, sobald die Nachttemperaturen mehrmals über 5 °C gelegen haben. Falls Sie ein Kälteschutzvlies anbringen müssen, achten Sie darauf, dass die Blätter und Jungpflanzen zuvor gut abgetrocknet sind.

Im Frühjahr sollten Sie das Wasser von Regen- und Gewitterschauern sammeln – so können Sie im Mai damit gießen.

Verteilen Sie am Fuß von **Obstgehölzen** Häcksel, Kompost oder verrotteten Mist. Warten Sie den ersten Austrieb ab, bevor Sie kranke oder erfrorene Äste herausschneiden.

Setzt das Frühjahr zeitig ein, beginnen Sie mit dem Mulchen der mehrjährigen **Gemüse** und **Kräuter**. Ansonsten warten Sie damit, bis der Boden sich ausreichend erwärmt hat.

Sie können die ersten Aussaaten an Ort und Stelle vornehmen. Bei kaltem, trockenem Wetter decken Sie diese mit Frühbeetvlies ab.

Mehrjährige **winterharte Kräuter** im Beet können nun geteilt werden.

Nur nichts überstürzen …

Die ersten Sonnenstrahlen im März verleiten Gartenneulinge – und manchmal selbst den erfahrenen Gärtner – leicht dazu, unbesonnen drauflloszugärtnern. Doch man kann es nicht deutlich genug sagen: Die Aussaat und das Auspflanzen vorzuziehen ist nie eine gute Idee. Im Gegenteil! Bei ungünstigen klimatischen Bedingungen ist es in der Regel besser, die Arbeiten um eine oder zwei Wochen zu verschieben. Es ist im Gemüsegarten grundsätzlich einfacher, eine Verspätung aufzuholen, als vorzeitig begonnene Kulturen durchzubringen.

Gartenkalender im März/April

J	F	M	A	M	J	J	A	S	O	N	D	
■	■	■							■	■	■	Letzter Zeitpunkt zum Pflanzen von **Himbeeren**, **Roten** und **Schwarzen Johannisbeeren** sowie generell allen **Obststräuchern** (der Herbst ist und bleibt jedoch die mit Abstand beste Zeit zum Pflanzen aller winterharten Gehölze).
■	■	■								■	■	Den Winterschutz von **Artischocken** noch nicht entfernen – abwarten, bis dauerhaft milde Frühlingstemperaturen herrschen.
	■	■										Im Beet die Aussaat von **Ackerbohnen** abschließen, die von **Pastinaken**, **Rucola** und **Frühlingsspinat** beginnen. Die Aussaaten bei kaltem Wetter mit Frühbeetvlies abdecken.
	■	■	■									Sobald das Wetter es erlaubt, **Frühjahrsschalotten** und **Steckzwiebeln** pflanzen. Bauernregel: „Will man Zwiebeln dick, sät man sie an Benedikt." (21. März). **Weißen Knoblauch** („Messidrome", „Therador") eher zu Beginn dieser Periode stecken, **rosa Knoblauch** („Flavor", „Gayant", „Clédor"), der bis zum Austreiben länger braucht, auch noch im April.

J	F	M	A	M	J	J	A	S	O	N	D	
												Thymian, **Bohnenkraut**, **Ysop**, verschiedene **Salbei**sorten, **Rosmarin** und generell alle **krautigen Würzpflanzen** im Freiland schneiden.
												Die von bestehenden Freilandkulturen abgeteilten Knollen von **Knollenziest**, **Topinambur** und **Helianthi** direkt wieder einpflanzen.
												Dill und **Koriander** an einem geschützten Standort direkt an Ort und Stelle aussäen; ebenso alle Pflanzen, von denen die jungen Sprosse geerntet werden, etwa **Rucola**, **Gartenkresse**, **Blattsenf** oder **Mizuna**. Bei Bedarf mit Frühbeetvlies abdecken.
												Den Austrieb von **Schnittlauch**, **Liebstöckel**, **Berg-Sauerampfer** und **Garten-Sauerampfer**, **Rhabarber** und generell allen **mehrjährigen Gemüse**- und **Würzpflanzen** abwarten, um die Pflanzen zu teilen.
												Erbsen aussäen; dabei im März mit den glattschaligen Samen beginnen, im April folgen die Sorten mit runzeligen Samen. Den Boden nach der Aussaat nicht mehr abdecken, damit er sich rascher erwärmt. Nach dem Aufgehen, das je nach Wetterlage zwei bis drei Wochen dauern kann, die Saat mit einer dünnen Schicht aus gehäckseltem Stroh bedecken.
												An geschütztem Standort und unter Vlies **Frühkarotten** vom Typ „Marché de Paris" aussäen, ebenso **Frühjahrsspinat**, von dem die jungen Triebe geerntet werden, runde oder längliche **Radieschen**, **Frühjahrsrettich** und **Mairüben**.
												Erdbeerpflanzen im Beet putzen (gelbe und vertrocknete Blätter entfernen) und mit Stroh mulchen, falls noch nicht geschehen. Bei Bedarf die letzten Pflanzen einsetzen – jetzt nur noch remontierende (mehrmals tragende) Sorten.

J	F	M	A	M	J	J	A	S	O	N	D	
												Für das Mulchen des **grünen Spargels** das Erscheinen der ersten Sprosse abwarten – zu frühes Mulchen verzögert die erste Ernte in einem kühlen Frühjahr um 8 bis 14 Tage, bei zu spätem Mulchen verdunstet an den ersten heißen Tagen enorm viel Wasser und der Boden trocknet aus.
												In geschützter Lage die **Kopfsalat**-Setzlinge auspflanzen, die Sie im Februar in Topfplatten im Frühbeet vorgezogen haben. Durch mehrere Aussaaten mit wiederholtem Auspflanzen können Sie die Salaternte staffeln.
												Thymian, **Schnittlauch**, **Estragon**, **Rosmarin**, **mehrjähriges Bohnenkraut**, **Salbei**, **Minze** und generell alle **ausdauernden** oder **strauchartigen Kräuter** pflanzen.
												Glatte und **krause Petersilie** sowie **Wurzelpetersilie** an Ort und Stelle aussäen.
												Nantaise-Möhren für die Ernte im Sommer an Ort und Stelle aussäen. Die im März ausgesäten **Frühkarotten** von Unkraut befreien und nach Bedarf vereinzeln.
												Die Knollen im Februar vorgekeimter **Frühkartoffeln** und **mittelfrüher bis später Pflanzkartoffeln** legen. Wenn die ersten Triebe erscheinen, bei Minusgraden einen Schutz (Vlies oder dicke Strohschicht) anbringen.
												Die in der ersten Märzhälfte in Topfplatten im Frühbeet ausgesäten und zur Ernte im Sommer bestimmten Setzlinge von frühem **Spitzkohl**, **Kohlrabi**, **Brokkoli** und den ersten **Blumenkohl** in geschützter Lage auspflanzen.

J	F	M	A	M	J	J	A	S	O	N	D	
												Milde Temperaturen abwarten, um die seit zwei oder drei Jahren im Beet wachsenden **Artischocken** aufzudecken und neue Pflanzen zu setzen, welche die alten im folgenden Jahr ersetzen sollen.
												Spargelpflanzen setzen, deren Ernte zwei Jahre später beginnt und etwa 15 Jahre andauert.
												Haferwurzeln und **Schwarzwurzeln** aussäen.
												Rote Bete und **Mangold** an Ort und Stelle aussäen (einfacher ist deren Kultur – Gießen und Unkrautjäten – jedoch stets, wenn sie Ende März im Frühbeet vorgezogen und Ende April oder im Mai ausgepflanzt werden).

Pflanzen der ersten Kartoffeln: Nicht zu lange warten!

Traditionell werden **Kartoffeln** Mitte April gelegt – wenn der Flieder blüht, sagte man früher. In den folgenden Wochen entwickeln sich die Keime, und noch zwei oder drei Wochen später, in der Regel im Juni, bilden sich unter der Erde die neuen kleinen Knollen, die nun nur noch wachsen wollen. Leider sind die Kartoffeln in diesem Stadium besonders empfindlich gegenüber Trockenheit: Wassermangel beeinträchtigt ihr Wachstum erheblich. Wenn Sie die Kartoffeln früh pflanzen, verringern Sie die Risiken vorzeitiger Trockenperioden – aber Achtung, die jungen Triebe der Kartoffeln sind auch sehr empfindlich gegenüber den letzten Frösten des Frühjahrs.

Kulturen unter Glas oder Folie

Die Aussaaten im Beet oder in Anzuchtschalen und das Eintopfen der Setzlinge erfolgen nun ununterbrochen – aufgrund der im Frühjahr üblichen Temperaturschwankungen muss man die Kulturen jedoch aufmerksam beobachten. Während dieser Zeit müssen sie nicht systematisch, aber sorgfältig gegossen werden. Um diese Jahreszeit ist zu viel Wasser oft eher das Problem als ein Wassermangel, vor allem bei kühlen Temperaturen. Bis es dauerhaft milder wird, gießen Sie am besten morgens oder tagsüber.

- Die als Winterschutz **junger Kräuter** angebrachte Strohschicht können Sie nun entfernen, doch Sie sollten die Pflanzen weiterhin mit Vlies abdecken, wenn Frühtemperaturen von 0 °C oder weniger gemeldet sind.
- Ab Anfang März beenden Sie die Aussaat in Anzuchtschalen von **Tomaten**, **Auberginen**, **Paprika**, **Physalis** und generell allen **Nachtschattengewächsen**, die im Mai ausgepflanzt werden, aber auch von **Sellerie** – **Stauden-**, **Knollen-** und **Schnittsellerie** – und **Lauch**. Bis zum Aufgehen die Aussaat stets feucht halten und mit Frühbeetvlies abdecken – die Keimdauer ist abhängig von den jeweiligen Wetterbedingungen eines Jahres (zwischen Aussaat und Aufgehen können 10 bis 25 Tage liegen).

Anfang April säen Sie in Anzuchtschalen **Gurken**, **Melonen, Zucchini** und **Kürbisse** (**Patisson**, **Riesenkürbis**, **Hokkaido**, **Butternut**) und generell alle **Sommer**- und **Winter-Kürbisgewächse** aus.

In Anzuchtschalen vorgezogene **Nachtschatten-** und **Kürbisgewächse**, die zwischen dem 8. und 15. Mai ins Beet ausgepflanzt werden sollen, müssen nun eingetopft werden, Erstere in der ersten, Letztere in der zweiten Aprilhälfte. Bei angekündigten Nachttemperaturen unter 5 °C die Setzlinge abends mit Frühbeetvlies abdecken. Bei unter 3 °C eine doppelte Lage verwenden, bei Temperaturen unter 0 °C eine dreifache Lage.

Anfang März den zum Auspflanzen im April bestimmten und Anfang April den zum Auspflanzen im Mai bestimmten **Blattsalat** in Topfplatten aussäen. Ebenfalls in Topfplatten den ersten **Spitzkohl** und **Kohlrabi** (zur Ernte am Ende des Frühjahrs) sowie **Brokkoli** (etwa „Calabrese natalino") und **Blumenkohl** (zur Ernte im Sommer) aussäen. Vier bis fünf Wochen nach der Aussaat werden die Setzlinge ins Freiland gepflanzt.

Frühbeete, Gewächshäuser und Tunnel lüften, sobald die Außentemperaturen am Tag über 12 °C steigen. Dazu für zwei bis drei Stunden die Türen oder Luken öffnen. Bei Tagestemperaturen über 15 °C bleiben diese dauerhaft geöffnet und werden nur abends geschlossen, da die Nächte noch kalt werden können.

Wenn Sie unter Folie genug Platz haben, können Sie ab März an Ort und Stelle schnellwüchsige **Frühgemüse** aussäen, etwa **Frühjahrsrettich**, **Mairüben**, **Pariser Karotten**, **Pflücksalat**, **Schnittsalatmix** („Mesclun"), **Rucola**, **Gartenkresse**, **Blattsenf**, **Mizuna** und generell alle **Gemüse** und **Kräuter**, von denen die **jungen Sprosse** geerntet werden..

In der zweiten Aprilhälfte beginnt das Auspflanzen an Ort und Stelle von **Tomaten**, **Auberginen**, **Paprika**, **Gurken**, **Melonen** und generell allen Arten, deren Jungpflanzen kälteempfindlich sind und die auch im Sommer höhere Temperaturen lieben oder sogar benötigen.

Mai

Alles neu macht der Mai? Ja und nein! Der Mai ist und bleibt ein unberechenbarer Monat: Mal ist er angenehm mild, mal hingegen tückisch – im Garten ist das nicht immer einfach. Frost gibt es nur noch selten – auszuschließen ist er jedoch nicht. In der Regel sind es allerdings für die Jahreszeit zu kühle Temperaturen oder aber zu trockenes oder zu nasses Wetter, die dem Gärtner das Leben schwer machen.

Saisonale Ernte

In Sachen Ernte herrscht im Mai sozusagen Ebbe – er ist im wahrsten Sinne des Wortes eine Saure-Gurken-Zeit! Das im Herbst geerntete und im Keller oder Erdkeller eingelagerte Gemüse geht zur Neige, ebenso wie die robusten Gemüse, die im Beet geblieben sind. Die Ernte der neuen Kulturen aus dem Februar, März und April lässt noch auf sich warten. Zum Glück haben wir noch die eingemachten und eingefrorenen Vorräte, die wir nun auch aufbrauchen müssen, um im Eisschrank wieder Platz zu schaffen für die ersten neuen Vorräte des Jahres.

Ernte im Mai

J	F	M	A	M	J	J	A	S	O	N	D	
		■	■	■	■	■						Nach Bedarf **Liebstöckel**, **Schnittlauch**, **Schnittknoblauch** sowie **glatte** und **krause Petersilie** ernten, die im Beet überwintert haben.
			■	■	■							Täglich **weißen Spargel** stechen und 15 bis 20 cm hohen **grünen** sowie **violetten Spargel** bodeneben abschneiden.
				■	■							Die im September und Oktober des Vorjahres gesetzten **weißen Wintersteckzwiebeln** nach Bedarf aus der Erde ziehen.
				■	■							Die ersten **Frühkarotten** (vor allem Pariser Karotten „Marché de Paris") ernten, ebenso die ersten **Radieschen** und Früh-**Kopfsalate**.
				■	■							Die ersten **grünen Erbsen**, **Zuckererbsen** und **Knackerbsen** ernten.
				■	■							Die ersten **Erdbeeren** und **Kirschen** (frühe Sorten) pflücken.
				■	■	■						Nach und nach die **Artischocken** ernten, deren Köpfe groß genug geworden sind. Ob sie früh reifen, hängt von den klimatischen Bedingungen ab: In milden Wintern bleibt das Laub erhalten und die Ernte beginnt entsprechend früh; sind die Blätter jedoch erfroren, müssen die Pflanzen zuerst neues Laub bilden und die Ausbildung der Köpfe verzögert sich.
				■	■	■	■					Die ersten **Estragon**sprosse ernten, sobald sie erscheinen. Ebenso junge Triebe von **Rosmarin**, **Salbei**, **Thymian** und **Quendel**, **Bohnenkraut**, **Zitronenmelisse**, verschiedenen **Minze**sorten und generell allen **mehrjährigen Kräutern** ernten.

Was jetzt im Garten zu tun ist

- Es ist noch möglich, verrotteten Mist, Komposterde oder Häcksel am Fuß von **Obstbäumen** und **-sträuchern** zu verteilen. Vor dem Mulchen des übrigen Gartens sollte jedoch abgewartet werden, bis der Boden sich genügend erwärmt hat.

- Die in den vergangenen Monaten begonnenen Kulturen gut beobachten. Abgesehen von jungen Sämlingen und Setzlingen benötigen diese nicht viel Wasser. Dennoch sollten Sie jetzt für die kommenden Trockenzeiten möglichst viel Wasser auffangen und speichern.
- Im Mai werden alle **Nachtschattengewächse** und **Kürbisgewächse** gepflanzt, die im Sommer mehr als ein Drittel Ihres Gemüsegartens einnehmen.
- Sobald es richtig warm wird, die ersten **Sommergemüse** an Ort und Stelle aussäen. Solange die Nächte noch kühl sind, müssen die kälteempfindlichen Jungpflanzen mit einem Vliesschutz abgedeckt werden.
- Wenn Sie noch Platz übrig haben oder aus irgendeinem Grund ein Beet nicht mit Kulturen bepflanzen, dort an Ort und Stelle **Sommer-Gründünger** aussäen.

Gartenkalender im Mai

J	F	M	A	M	J	J	A	S	O	N	D	
												Kartoffeln werden normalerweise direkt bei der Pflanzung gemulcht – ansonsten kann dies jetzt noch erfolgen. Falls Sie nicht genügend organisches Material haben, häufeln Sie die jungen Kartoffelpflanzen an. Achten Sie auf die ersten Kartoffelkäfer: Sorgfältiges Absammeln der erwachsenen Käfer, die überwintert haben, dämmt den späteren Befall ein.
												Um die massenhafte Vermehrung schwarzer Blattläuse an **Ackerbohnen** zu verhindern, bei den ersten Anzeichen eines Befalls die Triebspitzen abknipsen.

J	F	M	A	M	J	J	A	S	O	N	D	
												Die im März in Anzuchtschalen gesäten und im April eingetopften Gemüse auspflanzen, zuerst **Zucchini** und **Tomaten**, dann **Auberginen** und zum Schluss **Paprika** (Zucchini und Tomaten sind gegenüber eventuellen kalten Nachttemperaturen etwas weniger empfindlich als Auberginen und vor allem Paprika).
												Mit dem Auspflanzen von **Riesenkürbissen**, **Hokkaido-**, **Turban-** und **Butternutkürbissen** sowie generell allen **Winterkürbissen** beginnen.
												Mit dem Auspflanzen der **Gurken** warten, bis die Nachttemperaturen mehrmals über 10 °C liegen.
												Melonen erst am Ende des Monats auspflanzen. Wenn die Nachttemperaturen unter 12 °C zu fallen drohen, die Pflanzen nachts mit Frühbeetvlies abdecken (der Anbau von Melonen im Freiland ist jedoch stets heikler als unter Glas oder Folie).
												Auch **Basilikum** in Töpfen erst am Ende des Monats ins Freie stellen oder auspflanzen – er verträgt ebenfalls keine Nachttemperaturen unter 12 °C.
												Pflücksalat und **Schnittsalatmix** („Mesclun") an Ort und Stelle aussäen, ebenso **Dill** und **Koriander** für die Ernte im Sommer.
												Sonnenblumen und **Zuckermais** (**Süßmais**) direkt ins Freiland säen (beide können auch schon Ende April in Anzuchtschalen gesät und drei Wochen später in kleine Töpfe vereinzelt werden).
												Den im Vormonat in Anzuchtschalen gesäten **Kopfsalat** auspflanzen.

J	F	M	A	M	J	J	A	S	O	N	D	
												In den Wochen nach dem Pflanzen **Tomaten** und **rankende Kürbisse** regelmäßig entspitzen und ausgeizen.
												Stangen- und **Knollensellerie** wird gegen Ende Mai und im Laufe des gesamten Monats Juni gepflanzt.
												Phacelia, **Wicken**, **Buchweizen** und generell alle **Sommer-Gründünger** direkt ins Freiland aussäen.
												Himbeer- und **Johannisbeersträucher** mit einem Netz abdecken, um die Beeren gegen Vogelfraß zu schützen.
												Für die Aussaat der ersten **Busch-** und **Stangenbohnen**, **Filet-** und **Brechbohnen** die ersten richtig warmen Tage abwarten. Bis in die zweite Julihälfte sind drei oder vier weitere Aussaaten möglich.

Winterkürbisse zeitig pflanzen

Winterkürbisse können auch noch im Juni gepflanzt werden, doch dann wachsen sie schlechter und müssen häufiger gegossen werden. Alle **Kürbisgewächse** haben einen hohen Wasserbedarf! Daher ist es empfehlenswert, die Setzlinge früh auszupflanzen, solange der Boden noch die Feuchtigkeit des Frühjahrs gespeichert hat. So erfolgt die Bewurzelung schneller und die Pflanzen können sich bei der ersten Sommerhitze besser selbst versorgen.

Kulturen unter Glas oder Folie

Im Gewächshaus oder Tunnel gibt es im Mai weniger zu tun. Es werden nur noch die letzten besonders wärmebedürftigen Pflanzen eingesetzt sowie Kräuter und Gewürze in Anzuchtschalen gesät, die im Spätsommer oder sogar im Herbst im Freiland geerntet werden sollen.

Die im Februar und März an Ort und Stelle ausgesäten Gemüse ernten: **Salat** und **Mesclun-Schnittsalatmix**, **Radieschen**, die ersten **Frühkarotten**, **Rucola**, **Gartenkresse**, **Mizuna** und generell alle **Kreuzblütler**, von denen die jungen Sprosse geerntet werden.

Ab Anfang des Monats werden **Gurken** gepflanzt – unter Glas oder Folie können Sie zehn bis zwölf Tage früher ernten als im Freiland. Die Pflanzen mit Frühbeetvlies abdecken, falls die Nachttemperaturen unter 10 °C fallen.

Gegen Mitte Mai **Melonen** unter Glas oder Folie pflanzen. Bei Nachttemperaturen unter 12 °C mit Vlies abdecken.

Die in einer Topfplatte vorgezogenen **Lauchsämlinge** in eine Topfplatte mit größeren Mulden umsetzen.

Weiterhin **Salat** in Topfplatten aussäen, jedoch nun schossfestere oder spät schießende Sommersorten wählen. Achtung: Bei Temperaturen über 25 °C keimt Salat nicht mehr. In einem besonders warmen Frühjahr die Anzuchtschalen daher an einen kühleren, aber dennoch hellen Platz im Gewächshaus/Tunnel oder sogar im Freiland stellen.

Die ersten **krausen** und **glatten Sommerendivien** in Anzuchtschalen säen.

Die verschiedenen Kohlarten in Anzuchtschalen säen – für die Ernte im Herbst: **Blumenkohl**, **Brokkoli**, **Weiß-** und **Rotkohl**, für die Ernte im Winter: **Grünkohl**, **Wirsing** und **Rosenkohl**, für die Ernte im folgenden Frühjahr: **Sprossenbrokkoli**.

Juni bis August

Jetzt kommt die große Hitze. Wenn es in Ihrem Garten viele schattenspendende Bäume gibt, wird es weniger schwül und stickig, und die drückenden, brütend heißen Sommertage werden erträglicher. Für Menge und Qualität der Ernten in dieser Jahreszeit ist jedoch entscheidender, dass den Pflanzen genügend Wasser zur Verfügung steht.

Saisonale Ernte

Gemüse, Kräuter und Obst werden fortlaufend geerntet, sobald sie reif sind. Übersteigt die Menge Ihren Bedarf, müssen Sie einen Teil einkochen oder einfrieren. Der frei werdende Platz wird nach den ersten größeren Ernten – vor allem der Kartoffeln – sofort wieder durch neue Kulturen belegt, die für die Ernte im Spätsommer, Herbst, Winter oder im nächsten Frühjahr bestimmt sind.

Ernte von Juni bis August

J	F	M	A	M	J	J	A	S	O	N	D	
			x	x	x							Die **Spargel**ernte geht zum Johannistag (24. Juni) zu Ende.
			x	x	x							Zu Beginn dieser Periode die letzten **Frühjahrsradieschen** und **-rettiche**, **Mairüben** und **Frühkarotten** ernten.
			x	x	x	x	x	x	x	x		**Kopfsalat** je nach Bedarf und seiner Entwicklung ernten. Durch regelmäßiges Nachsäen und Auspflanzen können Sie die Ernte vom Frühlingsanfang bis zum Ende des Herbstes staffeln.
			x	x	x	x	x	x	x	x		An Ort und Stelle ausgesäten **Pflücksalat** und **Mesclun-Schnittsalatmix** nach Bedarf und Wachstum ernten.
				x	x							**Ackerbohnen**, **grüne Erbsen**, **Zuckererbsen** und **Knackerbsen** ernten.
				x	x	x						**Artischocken** je nach ihrer Entwicklung ernten. Je nach Pflanzzeit und den klimatischen Bedingungen des Jahres erstreckt sich die Ernte vom Frühjahr bis in den Hochsommer.
				x	x	x						Frühe **Süßkirschen** wie die Sorten „Burlat" oder „Moreau" ernten – die frühreifen Kirschensorten bleiben in der Regel von Würmern verschont, im Gegensatz zu den späten Sorten, deren Ernte dafür bis in den Juli reicht.
					x	x	x					Remontierende (mehrfach tragende) **Erdbeer**pflanzen tragen den ganzen Sommer über Früchte. Ob remontierend oder nicht: Lassen Sie an den Pflanzen, die Sie vermehren wollen, die Ableger stehen.
					x	x	x	x				Die ersten **Gurken** und **Zucchini** werden zwei bis drei Wochen nach dem Pflanzen geerntet. Regelmäßig ernten, um die Ausbildung neuer Früchte nicht zu behindern.

J	F	M	A	M	J	J	A	S	O	N	D	
					■	■	■	■	■	■		Mit den **Kohlrabi** wird die erste Kohlart des Jahres erntereif. Sie sollten geerntet werden, wenn sie die Hälfte oder zwei Drittel ihrer maximalen Größe erreicht haben. Wiederholte Nachkulturen ermöglichen die Ernte dieses köstlichen Gemüses bis zum Winteranfang.
					■	■						Die **Kartoffel**blüte markiert den Beginn der Knollenbildung. Die ersten Kartoffeln können nun zum direkten Verzehr geerntet werden. Warten Sie jedoch, bis das Laub vertrocknet ist, um die Pflanzen endgültig auszureißen und die Kartoffeln dunkel und kühl einzulagern (zuvor einige Tage in der Sonne trocknen lassen). Bis zum 31. Juli geerntete Kartoffeln sind Frühkartoffeln.
					■	■	■					Regelmäßig die jungen Triebe der diversen **Basilikum**sorten ernten. Junge Blütenstände abknipsen, um die Blattbildung zu fördern.
					■	■	■					Den ganzen Sommer über Blätter und junge Triebe von **Rosmarin**, **Oregano**, **Salbei**, **Ysop** und **Thymian** abschneiden. Zum Trocknen am besten ganz zu Beginn der Blütezeit ernten. Ende Juli die Blütenstände des **Lavendels** (*Lavandula officinalis*) abschneiden. Die Blätter von **Stevia** und **Zitronenverbene** abschneiden und trocknen lassen; zugleich die Pflanzen zurückschneiden, damit sie für eine zweite Ernte im Herbst nachwachsen. Sämtliche Blätter, jungen Triebe und Blüten strauchartiger Kräuter an einem luftigen und warmen, aber schattigen Platz trocknen lassen.
					■	■	■	■				**Erdbeeren**, **Felsenbirnen**, **Himbeeren**, **Rote** und **Schwarze Johannisbeeren**, **Stachelbeeren**, **Jostabeeren** und generell alle **roten Sommerfrüchte** ernten. Je nach Art und Sorte erstreckt sich die Ernte von Juni bis September.

J	F	M	A	M	J	J	A	S	O	N	D	
												Die frühen **Aprikosen** und **Pfirsiche** werden im Juni geerntet, die Sommersorten im Juli und August (späte Pfirsichsorten, vor allem die roten Weinbergpfirsiche oder Blutpfirsiche, erst im September).
												Im Herbst, Winter oder im vergangenen Frühjahr gepflanzte **Schalotten**, **Zwiebeln** und **Knoblauch** erst ernten, wenn die Hälfte des Laubes vertrocknet ist. Zwiebeln und Knollen einige Tage in der Sonne trocknen lassen, dann an einem kühlen, trockenen Platz lagern.
												Frühäpfel und frühe **Birnen**sorten werden ab Juli geerntet. Die Reifung gut beobachten, denn die Früchte werden schnell überreif.
												Sommerkohl, vor allem frühe Sorten von **Spitzkohl** und **Brokkoli**, werden vom Hochsommer bis in den Herbst geerntet.
												Ab Juli die ersten **Tomaten**, **Auberginen** und **grünen Paprika** ernten. Die Haupterntezeit im Juli und August abwarten, um ganze Früchte oder aber Saucen und zubereitete Gerichte einzukochen oder einzufrieren. Die Ernte setzt sich bis Ende September fort.
												Die ersten **Feigen** können im Juli gepflückt werden. Je nach Sorte erstreckt sich die Ernte bis Ende September.
												Im Juli können Sie die ersten Stiele des **Staudenselleries** ernten. Die Ernte erstreckt sich bis zum Winteranfang.
												Ab August ernten Sie die ersten **Mais**kolben (**Zuckermais**). Da diese meist in Gruppen reif werden, von den überschüssigen Kolben die Körner abstreifen und einkochen oder einfrieren.

J	F	M	A	M	J	J	A	S	O	N	D	
												Der Hauptmonat für **Pflaumen** ist der September, doch frühe Sorten wie die **Zwetschge** „Ersinger Frühe“ oder die „Oullins **Reineclaude**“ werden bereits im August reif. In den letzten heißen Sommern begann auch die **Mirabellen**ernte ungewöhnlich früh bereits in der zweiten Augusthälfte.

Ausgefallene Sommergemüse

Im Sommer gibt es stets eine reiche und vielfältige Ernte. Wenn Sie dennoch die Bandbreite der Gemüsearten und Kräuter in Ihrem Garten erweitern wollen, haben Sie die Qual der Wahl! **Ausdauerndes Eiskraut** *(Aptenia cordifolia)*, **Austernpflanze** *(Martensia maritima)*, **Mitsuba** *(Japanische Petersilie, Cryptotaenica japonica)*, **Neuseeländer Spinat** *(Tetragonia tetragonioides)*, **Tomatillo** *(Physalis ixocarpa)*, **Vietnamesischer Koriander** *(Polygonum odoratum)*, **Currykraut** *(Helicrysum italicum)*, **Zitronengras** *(Cymbopogon citratus)*, **Okra** *(Gemüse-Eibisch)* und vieles mehr ermöglichen Ihnen ungeahnte Geschmackserlebnisse.

Was jetzt im Garten zu tun ist

Vor allem zu Beginn dieser Zeit dreht sich alles ums Gießen, und auch wenn dies nicht zum Vollzeitjob wird, ist der Gärtner damit gut beschäftigt. „Juni feucht und warm macht keinen Bauern arm“ (dies trifft nicht auf den Juni 2023 zu, welcher der zweitsonnigste und -heißeste seit Beginn der Wetteraufzeichnungen war – abgesehen von einigen Regionen, die aufgrund von Starkregenereignissen nicht unter Wassermangel litten, war es in weiten Gebieten zu trocken). Später wird in größeren Abständen gegossen – und manchmal gar nicht mehr, vor allem bei den **Tomaten**. Bei großer

Hitze bevorzugt am Spätnachmittag oder Abend gießen; die Wassermenge richtet sich dabei nach dem Bedarf der einzelnen Arten. Beobachten Sie Ihre Wasservorräte und nutzen Sie jeden Regenschauer, um sie wieder aufzufüllen.

Zu Beginn dieser Periode die im Mai gesetzten Pflanzen systematisch mit Kompost, Stroh oder verrottetem Mist mulchen.

Frühjahrs-Gründünger vor der Samenbildung abmähen und an Ort und Stelle häckseln; **Sommer-Gründünger** aussäen.

t Fortlaufend die diversen in den Anzuchtschalen gewachsenen Sämlinge vereinzeln. **Salat** und alle **schnellwüchsigen Sommergemüse** lieben einen Standort, der im Frühjahr und Herbst sonnig, im Sommer jedoch halbschattig ist.

Tomaten und **rankende Kürbisse** weiterhin entspitzen und ausgeizen.

Sind heftige Gewitter angekündigt, Früchte tragende **Obstbäume** abstützen oder anbinden, um Astbruch zu vermeiden; außerdem die Verankerung von Gewächshäusern und Folientunneln kontrollieren.

Unkraut, das durch die Mulchschicht wächst, vor der Samenbildung ausreißen.

Bei Bedarf Pflegeschnitt an **Obstbäumen** und **-sträuchern** durchführen.

(Fast) nicht gießen!

Mediterrane Kräuter wie Thymian, Salbei, Bohnenkraut, Melisse, Oregano, Rosmarin, Currykraut, Lavendel und Lorbeer lieben Sonne und Wärme. Selbst extreme Trockenheit macht ihnen wenig aus, vor allem, wenn sie bereits seit mehreren Jahren am gleichen Standort wachsen. In Trockenzeiten sind sie sogar besonders aromatisch, da der Gehalt an ätherischen Ölen in den Blättern und jungen Trieben steigt – so duftet es wie in der Garrigue!

Mit zweierlei Maß messen

Der Wasserbedarf verschiedener Gemüse und sonstiger Kulturpflanzen ist sehr unterschiedlich. Um es kurz zu machen, manche brauchen sehr viel, manche sehr wenig. **Kohl** – alle Kohlarten! – sowie alle anderen Pflanzen der gleichen botanischen Familie (Radieschen, Rüben, Rucola …)

vertragen überhaupt keinen Trockenheitsstress, auch nicht kurzzeitig. Sie benötigen daher einen im Sommer frischen und schattigen Standort. Auch die meisten Blattgemüse, vor allem **Salat**, vertragen keinen Wassermangel und müssen regelmäßig gegossen werden. **Tomaten** hingegen benötigen sehr wenig Wasser, ebenso wie **Paprika** und **Auberginen** (deren kompakteres Wurzelwerk erfordert dennoch im Hochsommer eine regelmäßige Wasserzufuhr – im Gegensatz zu den Tomaten). **Kürbisgewächse** – mit Ausnahme von **Melonen** und **Gurken** – versorgen sich nach dem Einpflanzen ganz gut über das im Boden gespeicherte Wasser und erholen sich auch rasch von punktuellem Wassermangel.

Gartenkalender von Juni bis August

J	F	M	A	M	J	J	A	S	O	N	D	
				■	■							Die letzten **Riesen-**, **Hokkaido-**, **Turban-**, **Butternut-** und alle anderen **Winterkürbisse** pflanzen.
				■	■	■						Die erste Junihälfte ist die beste Zeit für die Aussaat der ersten **Stangenbohnen**, ob **Kernbohnen**, **Filet-** oder **Brechbohnen**. Weiterhin Aussaat von **Buschbohnen** in Reihen, vor allem von jenen Sorten, die zum Einkochen oder Einfrieren bestimmt sind. Bis Ende Juli zwei oder drei Folgesaaten von **Filetbohnen** und **Brechbohnen** ausbringen, um über den ganzen Sommer und bis in den Herbstanfang kontinuierlich ernten zu können (bei **Kernbohnen** genügen in der Regel ein bis zwei Aussaaten).
					■							An Ort und Stelle **Wintermöhren** wie „Longue lisse de Meaux“, „Riesen von Colmar“ oder „Rote Riesen“ aussäen. Die im März, April und Mai ausgesäten **Nantaise-Möhren** von Unkraut befreien und wenn nötig vereinzeln.
					■							**Lauch** pflanzen. Bei drohendem Befall durch Lauchmotten oder Lauchfliegen die Pflanzen bis Ende Oktober mit einem Kulturschutznetz abdecken.

J	F	M	A	M	J	J	A	S	O	N	D	
					x							Für den Fall, dass die Blätter der im Frühjahr ausgesäten **Petersilie** gelb werden, Folgesaaten an Ort und Stelle ausbringen oder neue Pflanzen setzen, um auch in der zweiten Hälfte der Saison versorgt zu sein.
					x							**Chicorée** „Witloof" und **Blattzichorien** „Kapuzinerbart" an Ort und Stelle aussäen, damit sie Wurzeln („Rüben") ausbilden, die man im Herbst und Winter austreiben lässt (dies funktioniert auch mit Radicchio, etwa dem „Rosso di Treviso", oder für die Treiberei geeigneten Sorten des Kulturlöwenzahns).
					x							Im Juni im Beet **Rote Bete** und **Lauch** vereinzeln, die zur Ernte im Herbst bestimmt sind.
					x	x						Weiterhin fortlaufend die jungen Triebe in den Blattachseln der Tomaten ausbrechen und die **Melonen** und **rankenden Kürbisse** entspitzen.
					x	x						Mit der Aussaat des **Sommerportulaks** beginnen. Es sind mehrere Folgesaaten möglich.
					x	x	x					Regelmäßig kleine Mengen verschiedener **Salate** auspflanzen (schossfestere Sommersorten wählen). Diese über den ganzen Sommer bevorzugt im Halbschatten pflanzen und regelmäßig gießen, um zu frühes Schießen zu vermeiden. Die Aussaat in Anzuchtschalen im Laufe des Sommers drei- bis viermal wiederholen, um eine kontinuierliche Ernte zu gewährleisten. Die Anzuchtschalen nicht unter Glas oder Folie stellen, da der Salat bei zu hohen Temperaturen (über 25 °C) nicht keimt.
					x	x	x					**Krause** und **glatte Endivien** insgesamt zwei- oder dreimal vereinzeln: die Sommerendivien zu Beginn dieser Periode, die Herbst- und Winterendivien am Ende, also Ende August.

J	F	M	A	M	J	J	A	S	O	N	D	
					■	■	■					Falls noch nicht geschehen, die Gemüsebeete mulchen oder die Mulchschicht ergänzen, vor allem bei **Tomaten, Zucchini, Gurken, Auberginen, Paprika** und **Artischocken.** Da der Wasserbedarf mit zunehmender Fruchtreife abnimmt, seltener und dafür reichlicher gießen (alle 10 bis 15 Tage einmal reichlich zu gießen genügt in der Regel, um den Bedarf der Pflanzen zu decken). Außer in extrem trockenen Jahren werden **Tomaten** nicht mehr gegossen, sobald die ersten Früchte rot werden.
						■						An den **Sommerpfirsichen** die Äste, die in diesem Jahr Früchte getragen haben, zurückschneiden, damit die jungen Triebe kräftig austreiben und im Folgejahr eine gute Ernte gewährleistet ist.
						■	■					**Mirabellen-, Zwetschgen-** und **Reineclaudenbäume** abstützen, deren Äste sich unter der Last der Früchte biegen.
						■	■	■				Die kleinen Jungpflanzen von **Thymian, Rosmarin, Stevia, Zitronenverbene** und generell alle Setzlinge, die Sie im Sommer unter Glas oder Folie ausgesät oder durch Stecklinge gezogen haben, in kleine Töpfe oder Topfplatten mit größeren Mulden umsetzen.
						■	■	■				Ab Ende Juli an Ort und Stelle **Herbstrüben, Herbst-** und **Winterrettich, Spinat** und **Feldsalat** aussäen – etwa auf dem Beet, das durch Ernte und Einlagern der **Kartoffeln** frei geworden ist.
							■	■				Der **Echte Kerbel** für die Ernte im Herbst und Winter und die letzte für die Ernte im Frühjahr bestimmte **glatte** und **krause Petersilie** werden gegen Ende dieser Periode ins Beet ausgesät oder vereinzelt.
							■	■				**Erdbeer**ableger abtrennen und zur Bewurzelung in Töpfe oder Anzuchtschalen mit großen Mulden umsetzen.

Obst: Arten mit hohem Wasserbedarf

Zwei bis drei Jahre nach der Pflanzung versorgen sich die meisten **Obstbäume** und **-sträucher** selbst mit Wasser. Außer bei extremer Trockenheit müssen sie auch im Sommer nicht mehr gegossen werden (vor allem, wenn Sie im Winter „vorbeugend" gießen, siehe Seite 122). **Felsenbirnen**, **Heidelbeeren** und **Indianerbananen** (auch Papau, *Asiminia triloba*) sind hingegen Arten, die auch mehrere Jahre nach ihrer Pflanzung keinen Wassermangel vertragen. Um diesem vorzubeugen, gießen Sie sie zwischen Juni und September mehrmals und reichlich. Auch **Himbeeren**, die ein sehr oberflächliches Wurzelwerk haben, sollten Sie zwei- bis dreimal pro Jahr wässern. Bei den **Obstbäumen** gilt es zu beachten, dass ihr Wasserbedarf von der jeweiligen Veredelungsunterlage abhängt.

Kulturen unter Glas oder Folie

Im Sommer werden Gewächshaus und Folientunnel vorrangig von den wärmeliebenden Arten besetzt – dennoch muss man etwas Platz für Anzuchtschalen reservieren. In diesen werden die einjährigen oder zweijährigen Gemüse ausgesät, die im Spätsommer ausgepflanzt und im Herbst oder Winter geerntet werden. Auch die jungen Sämlinge und Stecklinge von mehrjährigen Pflanzen werden bis zum Auspflanzen im folgenden Frühjahr hier untergebracht.

- Zu Beginn dieser Periode nachts die Türen und Luken schließen, wenn Nachttemperaturen unter 15 °C vorhergesagt sind. Ansonsten bleiben sie dauerhaft geöffnet.
- Ab Mitte Juni werden die ersten unter Glas oder Folie angebauten **Tomaten** gepflückt, ab Anfang Juli **Paprika** und **Auberginen**, Ende Juli und im August schließlich die **Melonen**.
- Zu Beginn der Periode die letzten **Roten Beten** und **Petersilie** für die Ernte im Herbst in Anzuchtschalen aussäen.

Zwischen Juni und August **krause** und **glatte Endivien** in Anzuchtschalen aussäen. Für die ersten Aussaaten Sommersorten wählen, für die Folgesaaten besser Herbst- oder Wintersorten.

In der Mitte der Periode **Zichoriensalat** (**Zuckerhut**) und verschiedene **Radicchio**sorten in Anzuchtschalen aussäen, ebenso wie **Steckrüben** (neben Roter Bete eines der wenigen Wurzelgemüse, die das Vereinzeln durch Umpflanzen tolerieren).

Ab Anfang August in Anzuchtschalen **Chinakohl** (etwa „Pe Tsai" oder „Granat") und generell alle **asiatischen Kopfkohl-Arten** aussäen, die später vereinzelt werden (**Pak Choi** und anderer **asiatischer Kohl**, der keine Köpfe bildet, wird erst im September direkt im Beet ausgesät).

In Anzuchtschalen die botanische Art (Wildform) von Kräutern aussäen, die als Halbstrauch wachsen: Echten **Thymian**, Echten **Salbei**, **Melisse**, **Ysop**, **Bohnenkraut** ... Auch andere mehrjährige Kräuter wie **Schnittlauch** und **Liebstöckel** aussäen. **Rhabarber** wird ebenfalls im Sommer gesät. Alle werden zwischen August und September umgetopft und im nächsten Frühjahr endgültig eingepflanzt.

Die Anzucht aller verholzenden Stecklinge – **Salbei**, **Thymian**, **Bohnenkraut**, **Oregano**, **Melisse**, **Stevia** oder **Zitronenverbene** (aber auch die allermeisten Beerensträucher und selbst Blütensträucher) – erfolgt ab Anfang Juli bis Mitte August an einem schattigen, feuchtwarmen Platz. Die jungen Stecklinge mit Frühbeetvlies abdecken und regelmäßig anfeuchten, um die Bewurzelung zu fördern.

Die Kulturen unter Glas oder Folie – **Tomaten**, **Auberginen**, **Paprika** und **Melonen** – gelegentlich, aber dafür reichlich gießen. Dabei darauf achten, dass weder Blätter noch Blüten oder Früchte nass werden. Bei großer Hitze am besten abends gießen.

September

„Was der September nicht kocht und brät, später an Früchten nicht mehr gerät." Dieser Monat markiert in der Regel das Ende der extremen Sommerhitze, und es fällt der erste Herbstregen. Die milden klimatischen Bedingungen sorgen für eine Art zweiten Frühling, der zwar kürzer ist als der erste, aber eine reichere Ernte bringt. In diesem Übergangsmonat wachsen die Kulturen für die Ernten im Herbst, Winter und kommenden Frühjahr heran.

Saisonale Ernten

Die Sommerernten werden fortgesetzt, gleichzeitig beginnt die erste Herbsternte. Der Garten teilt nun mit so vollen Händen aus, dass wir quasi ununterbrochen mit Ernten, Einkochen, Trocknen und Einfrieren beschäftigt sind.

Ernten im September

J	F	M	A	M	J	J	A	S	O	N	D	
												Die Ernte der Sommergemüse fortsetzen, vor allem von **Tomaten**, **Auberginen**, **Paprika**, **Zucchini** und **Gurken**. Überschüssige Mengen einkochen oder einfrieren.
												Die letzten Gewürz- und Teekräuter ernten und trocknen, vor allem jene, die in unserem Klima schlecht blühen, etwa **Stevia**, **Zitronenverbene**, **Argentinischer Minzestrauch** *(Aloysia polystacha)* und **Zitronengras** *(Cymbopogon citratus)*.

J	F	M	A	M	J	J	A	S	O	N	D	
					■	■	■	■	■			Die Ernte von **Filetbohnen** und **Brechbohnen** wird fortgesetzt und endet erst mit dem ersten Raureif des Herbstes.
					■	■	■	■	■	■		**Nantaise-Möhren** und generell alle **Karotten der Saison** nach Bedarf ernten.
						■	■	■				Von **remontierenden Erdbeeren** und **Himbeeren** fortlaufend die reif gewordenen Früchte ernten.
						■	■	■				Auch wenn die ersten **Sommerfeigen** bereits im Juli gepflückt werden, ist der September der Monat der **Herbstfeigen**, vor allem der einmal tragenden Sorten wie „Pastilière" oder „Ronde de Bordeaux".
						■	■	■	■	■	■	Weiterhin **Kohlrabi** ernten. Die Sommersorten von **Brokkoli**, **Blumenkohl** und **Spitzkohl** können jetzt noch gut geerntet werden, auch wenn die ersten Herbstsorten quasi zur Ablösung bereitstehen. Die einen wie die anderen jeweils nach Bedarf entnehmen.
						■	■	■	■	■	■	Die letzten **Sommersalate** und die ersten **Herbstsalate** ernten.
							■	■				Von Anfang August bis September werden die Kolben von **Zuckermais** geerntet, wenn er schöne dicke Körner ausgebildet hat, die jedoch unter Druck mit dem Fingernagel noch nachgeben und beim Anritzen milchig weißen Saft abgeben (Milchreife). Reifen sie noch weiter, wandelt sich der enthaltene Zucker in Stärke um, und die Körner verlieren an Geschmack.
							■	■	■			Die ersten **Trauben** werden im August und die letzten im Oktober gepflückt, doch der September ist bei den **Tafeltrauben** die Zeit der reichsten Ernte. Aufgrund der klimatischen Bedingungen eines Jahres kann sich die Ernte der verschiedenen Sorten um 14 Tage nach vorn oder hinten verschieben.

J	F	M	A	M	J	J	A	S	O	N	D	
							■	■	■			Auch die Ernte von **Mirabellen**, **Zwetschgen**, **Reineclauden** und allen anderen **Pflaumen** beginnt im August, erreicht im September ihren Höhepunkt und endet bei den späten Sorten im Oktober.
■							■	■	■	■	■	Nach Bedarf die letzten **glatten** und **krausen Sommerendivien** und die ersten **glatten** und **krausen Herbstendivien** ernten. Letztere stehen bis tief in den Winter zur Verfügung.
								■				**Herbstpfirsiche** ernten, vor allem die diversen **Weinberg**- und **Blutpfirsiche**.
								■	■			Beginn der Ernte der im Herbst reifenden **Apfel**- und **Birnen**sorten. Jeweils fortlaufend die reifen Früchte ernten.
								■	■			**Kernbohnen** (**Trockenbohnen**) nach Bedarf pflücken, wenn sie halb getrocknet sind.
								■	■			Am Ende des Monats können Sie den ersten **Herbstlauch** aus der Erde ziehen.
								■	■			Die Ernte von **Staudensellerie** fortsetzen, die von **Knollensellerie** beginnen.
								■	■	■	■	Nach Bedarf mit der Ernte von **Chinakohl** beginnen. Die Ernte kann bis zum ersten strengen Frost fortgesetzt werden.
								■	■	■	■	Nach Bedarf die ersten **Herbstrüben** und -**rettiche** ernten.
■	■	■	■					■	■	■	■	Nach Bedarf den ersten **Spinat** und **Feldsalat** ernten.

Kurztaggemüse

Bei manchen Wurzelgemüsen hängt die Entwicklung von der relativen Tag- und Nachtlänge ab. Bei sogenannten Kurztagpflanzen erfolgt in unserem Klima die Blüte und vor allem die Knollenbildung erst in den Wochen vor und nach der Herbst-Tagundnachtgleiche. Vor Ende September oder Oktober braucht man daher nicht auf eine Ernte von **Süßkartoffeln**, **Knollenziest**, **Knolliger Kapuzinerkresse**, **Oka**, **Yacón** oder **Topinambur** zu hoffen.

Was jetzt im Garten zu tun ist

In der noch warmen, vom ersten Regen schon feuchten Erde die letzten Kulturen aussäen und pflanzen.

Die letzten **Herbstgemüse** und die ersten **Winter-Gründünger** an Ort und Stelle aussäen und die im Juli und August in Anzuchtschalen gesäten **Gemüse** und **Kräuter** vereinzeln..

Pflanzbeginn für **Obststräucher** (Containerware). Bei **Obstbäumen**, die besser wurzelnackt gepflanzt werden, bis Oktober/November warten.

Die ausgereiften Samen der verschiedenen Arten von **Gemüse** und **Kräutern** gewinnen.

Nach den ersten Regenfällen erübrigt sich das Gießen. Nur in einem extrem trockenen Herbst müssen Sie die Pflanzen weiterhin regelmäßig mit Wasser versorgen.

Gartenarbeiten im September

J	F	M	A	M	J	J	A	S	O	N	D	
												Die im Sommer gezogenen **jungen Sämlinge** und **Stecklinge** in Töpfe oder in Topfplatten mit großen Mulden umpflanzen.
												Die Aussaat der **Herbstrüben** im Beet abschließen. **Spinat** und **Feldsalat** für die Ernte am Herbstende und im Frühjahr aussäen.

J	F	M	A	M	J	J	A	S	O	N	D	
							x	x				Die Aussaat der **weißen Zwiebeln**, der **Lauchzwiebel** „Rote von Florenz" und generell aller Frühjahrszwiebeln abschließen, die im Mai/Juni des Folgejahres geerntet werden.
							x	x				Weiterhin Aussaat an Ort und Stelle von **Blattsenf**, **Pak Choi**, **Mizuna** und generell allen **asiatischen Kohlarten**, von denen die jungen Sprosse geerntet werden.
							x	x				Die Stängel von **Dill**, **Fenchel**, **Koriander** und generell allen Pflanzen – Gemüse und Kräuter – abschneiden, von denen Sie die Samen gewinnen möchten. An einem trockenen, luftigen Ort im Schatten trocknen lassen, dann in Tüten aus Kraftpapier füllen und trocken lagern.
								x				Eine letzte Aussaat von runden (zum Beispiel „Riesenbutter") oder länglichen (zum Bespiel „French Breakfast") **Radieschen** versuchen. Diese schnellwüchsigen, meist im Frühjahr kultivierten Radieschen können ebenso im Oktober geerntet werden (eine Aussaat im Sommer ist möglich, erfordert jedoch selbst im Halbschatten sehr regelmäßiges Gießen).
								x				Die letzten **Herbstsalate** auspflanzen.
								x				Weinreben entlauben, damit die **Tafeltrauben** im Herbst maximal von der Sonneneinstrahlung profitieren.
								x				Ebenso die **Tomaten**pflanzen entlauben, damit die letzten Früchte besser ausreifen.
								x				Die Köpfe bildenden **asiatischen Kohlarten** wie **Chinakohl** pflanzen, ebenso alle **Herbstendivien** (kraus oder glatt), **Radicchio** und **Zuckerhut**, die Sie im Vormonat in Anzuchtschalen ausgesät hatten. Sie alle bevorzugen zum Keimen höhere Temperaturen, zum Ausbilden der Köpfe oder Rosetten hingegen kühlere Bedingungen.

J	F	M	A	M	J	J	A	S	O	N	D	
												In den frei werdenden Beeten, auf denen kein Herbst- oder Wintergemüse angebaut werden soll, einen **Herbst-Gründünge**r aussäen, etwa **Gelbsenf**, **Rübsen** oder **Raps**. **Phacelia** und andere **Sommer-Gründünger** abmähen, bevor sie Samen ausbilden.
												Die ersten **remontierenden** und **nicht remontierenden Erdbeer**pflanzen für die Ernte im kommenden Frühjahr setzen. In einem trockenen Herbst bis zum endgültigen Anwachsen gießen. An den vorhandenen Erdbeerpflanzen weiterhin die nicht zur Vermehrung bestimmten Ausläufer entfernen – die kräftigsten Rosetten können immer noch in Töpfe oder Topfplatten mit großen Mulden umgepflanzt werden.
												Den ersten **violetten Knoblauch** („Primor“, „Germidour“ ...), **Winterschalotten** „Griselle“ und **Winterzwiebeln** wie „Senshyu Yellow“ pflanzen.

Gemüse UND Gründünger

Der Herbst ist die beste Zeit, um **Spinat** anzubauen. Die noch milden Temperaturen und die bereits feuchte Erde fördern die Keimung, während für die weitere Entwicklung der Pflanzen die kühleren Bedingungen der kommenden Monate günstiger sind. Wenn Sie auf einer Ihrem Bedarf entsprechenden Fläche Spinat aussäen, schlagen Sie zwei Fliegen mit einer Klappe: Zuerst verfügen Sie vom Herbstende bis zum Frühlingsanfang über ein wertvolles Wintergemüse; anschließend profitieren Sie davon, dass die Pflanzen auch ein ausgezeichneter Gründünger sind, da sie in ihren Blättern beträchtliche Mengen an Nitrat anreichern.

Kulturen unter Glas oder Folie

Die Ernte der **Melonen** geht zu Ende, die der meisten anderen Sommergemüse aus dem Gewächshaus oder Tunnel jedoch noch nicht. Die frei werdenden Flächen nutzen, um Gemüse für die Ernte am Herbstende und im Winter anzubauen.

- Die Ernte der **Melonen** abschließen.
- Weiterhin **Tomaten**, **Paprika**, **Auberginen** und **Gurken** ernten. Bei einem milden Saisonende kann die Ernte bis zum Winteranfang fortgesetzt werden.
- In Anzuchtschalen die letzten **Herbstsalate** aussäen, die Ende Oktober vereinzelt werden, ebenso die **Wintersalate**, die im Oktober oder November ins Freiland ausgepflanzt werden.
- An Ort und Stelle unter Glas oder Folie mit der Aussaat der verschiedenen Sorten von **Blattsenf**, **Mizuna**, **Pak Choi** und generell aller **asiatischen Kohlarten** beginnen, die keine Köpfe bilden – in geschützter Lage können sie für eine Ernte im Herbst auch noch ins Freiland gesät werden, doch eine Winterernte würde durch den ersten Frost zunichte gemacht.

Oktober und November

Auch wenn die Tage merklich kürzer werden, bleibt der Gemüsegarten immer noch ein wunderbares Füllhorn. Die Ernte von **Gemüse** und **Kräutern** kann bis zu den ersten Frösten fortgesetzt werden, während das letzte **Obst** gegen Mitte Oktober von den Bäumen gepflückt wird. Achten Sie auf drohenden weißen Frost (Reif), der zu dieser Jahreszeit allerdings schwieriger vorherzusagen ist als im Frühling. Mitte November gilt es, die milden, sonnigen Tage des Martinisommers zu nutzen, um den Garten winterfest zu machen und neue **Obstbäume** und **-sträucher** zu pflanzen.

Saisonale Ernte

Die letzten im Mai gepflanzten **Sommergemüse** ernten, ebenso die im Juli und August gesäten **Herbstgemüse** und nach dem ersten Frost die im September ausgesäten oder ausgepflanzten **Wintergemüse**.

Vor dem ersten strengen Frost geerntete robuste **Wurzelgemüse** halten sich im Keller oder Erdkeller eingelagert den ganzen Winter über.

Winterkürbisse bleiben in einem nicht zu kalten und zu feuchten Keller bis in den März hinein genießbar, besonders lagerfähige Exemplare sogar bis in den Juni.

Äpfel und **Birnen** werden in Obsthorden im Keller gelagert und nach Bedarf und Reifegrad der einzelnen Sorten verzehrt.

Dunkel und trocken gelagert halten sich die diversen getrockneten **Teekräuter** bis zur neuen Ernte im nächsten Jahr.

Im Keller in regelmäßigen Abständen die Wurzeln von **Chicorée** und **Zichorien** vortreiben, um deren Ernte zu staffeln.

Die Vorratskammer ist mit eingekochtem und eingefrorenem Gemüse nun bis zum Anschlag gefüllt.

Ernte im Oktober/November

J	F	M	A	M	J	J	A	S	O	N	D	
■	■	■	■	■	■	■	■	■	■	■	■	Getrocknet halten sich **Minze**, **Zitronengras**, **Zitronenverbene**, **Argentinischer Minzestrauch**, **Stevia** und alle anderen **Teekräuter** ein ganzes Jahr.
					■	■	■	■	■	■	■	Bis zum Winteranfang **Nantaise-Möhren** und andere nicht lagerfähige **Herbstkarotten** ernten (die robusteren **Lagerkarotten** halten sich über den ganzen Winter).
					■	■	■	■	■	■	■	Weiterhin **Kohlrabi** ernten (die Ernte erfolgt gestaffelt von Juni bis Dezember).
							■	■	■	■	■	Die Ernte von **Staudensellerie** fortsetzen. Ist der erste strenge Frost (unter -6 °C) angekündigt, der je nach Jahr Anfang Dezember, im Januar oder im Februar auftreten kann, die letzten Exemplare ernten und im Keller lagern; dort halten sie sich vier bis sechs Wochen.
									■	■		**Quitten** werden zu Beginn dieser Periode geerntet, **Kakis** im November nach dem ersten Frost. Beide sind nur zwei bis drei Wochen lagerfähig.

J	F	M	A	M	J	J	A	S	O	N	D	
												Wenn der erste weiße Frost (Reif) angesagt ist, die letzten **Zucchini**, **Gurken**, **Tomaten**, **Auberginen** und **Paprika** ernten – im Haus können sie noch eine Zeit lang gelagert werden. Noch grüne **Tomaten** reifen dort nach und werden rot.
												Die verschiedenen **Sauerampfer** sind ausdauernde Pflanzen, die während der gesamten Vegetationszeit verzehrt werden können. Im Frühjahr und Herbst sind sie jedoch am schmackhaftesten.
												Vor dem ersten Kälteeinbruch die letzten **Süßkartoffeln** ausgraben und trocken bei 16 bis 18 °C lagern.
												Vor dem ersten Frost **Riesen-**, **Hokkaido-**, **Turban-**, **Butternut-** und alle anderen **Winterkürbisse** ernten und im Keller oder in einem unbeheizten Raum einlagern.
												Schon ab September wurden die **halb getrockneten Kernbohnen** nach Bedarf geerntet. Möchten Sie diese einlagern, sollten Sie sie vor den ersten kalten und feuchten Nächten pflücken und trocken und kühl unterbringen.
												Gegen Mitte Oktober **Lageräpfel** und **-birnen** ernten und im Keller oder in einer Obsthorde kühl lagern. Je nach Sorte halten sie sich von Dezember bis Mai.
												Vor dem ersten Frost **Herbstrüben**, **Kohlrabi**, **Rote Bete** und **Winterrettich** im Keller oder Erdkeller einlagern, ebenso die Knollen von **Oka**, **Knolliger Kapuzinerkresse** und **Yacón**. So sind sie bis in den April hinein haltbar.

J	F	M	A	M	J	J	A	S	O	N	D	
									■	■	■	Die jungen Sprosse von **Rucola**, **Gartenkresse**, **Blattsenf**, **Pak Choi**, **Mizuna** und **Koriander** stehen bis zum ersten strengen Frost zur Verfügung.
									■	■	■	Im Herbst geerntete **Steckrüben** sind am aromatischsten.
									■	■	■	**Brokkoli**, **Blumenkohl**, asiatische Kopfkohlarten wie **Chinakohl** sowie die verschiedenen Herbstsorten von **Rosenkohl** („Précoce de Fontenay“, „Lunet F1“, „Groninger“ ...), **Wirsing** („D'Aubervilliers“, „Capriccio F1“ ...) und **Lauch** („Großer langer Sommerlauch“, „Tenor“ ...) ernten.
■	■	■							■	■	■	**Wurzelpetersilie** nach Bedarf ernten. Vor dem ersten strengen Frost die Blätter abschneiden und die Beete dick mit Stroh abdecken; so halten sich die Wurzeln im Freiland.
■	■	■							■	■	■	**Glatte** und **krause Herbstendivien** ernten, ebenso **Radicchio**, zuerst die am wenigsten robusten Sorten wie „Variegata castelfranco di Lusia“.
■	■	■	■						■	■	■	Für die Ernte von **Weißkohl**, **Rotkohl** und den Wintersorten von **Rosenkohl**, **Wirsing** und **Grünkohl** den ersten Frost abwarten, da sich dadurch der Geschmack verbessert. Alle genannten Arten bleiben im Freiland bis zum Frühjahr verfügbar.
■	■	■	■						■	■	■	Weiterhin **Petersilie** und **Kerbel** schneiden, die sich im Freiland ebenfalls bis zum nächsten Frühjahr halten.
■	■	■	■						■	■	■	Im Oktober die ersten Wurzeln von **Chicorée** („Witloof“) und **Blattzichorie** („Kapuzinerbart“) ausgraben und vortreiben. Anschließend das Vortreiben gestaffelt über den gesamten Winter fortsetzen.

J	F	M	A	M	J	J	A	S	O	N	D	
												Beginn der Ernte von **Winterkarotten**, die sich im Beet bis in den April halten.
												Die ersten Blätter des **Winterportulaks** pflücken, sobald sie genügend entwickelt sind. Die Ernte wird nach Bedarf fortgesetzt und dauert bis zum Frühlingsanfang.
												Die ersten Fröste abwarten, um nach Bedarf die ersten **Pastinaken** zu ernten. Die Ernte wird bis zum Beginn der neuen **Wachstumsperiode** im Frühjahr fortgesetzt.
												Knollenziest, **Topinambur**, **Haferwurzeln** und **Schwarzwurzeln** sind Wurzelgemüse, die wie **Winterkohl** ab November geerntet werden und sich im Beet ohne Winterschutz bis ins Frühjahr halten.

Was jetzt im Garten zu tun ist

Direkt an Ort und Stelle das erste gefallene Herbstlaub und den letzten Rasenschnitt kompostieren.

Weiterhin die abgeernteten Beete säubern und mit der Doppelgrabegabel grob die Erde lockern. Anschließend mit Kompost, frisch abgemähtem Sommer-Gründünger, frischem oder verrottetem Mist abdecken. Wenn Sie diese organischen Materialien nicht haben, können Sie auf den freien Beeten auch Herbst-Gründünger aussäen.

Das letzte Gemüse auspflanzen, vor allem **Herbstzwiebeln** und **Wintersalat**. Die letzten Sämlinge und Setzlinge im Freiland wie unter Glas oder Folie zum Schutz systematisch mit Frühbeetvlies abdecken.

Nicht winterharte Wurzelgemüse in einem frostfreien Raum, im Keller oder Erdkeller einlagern. Mäßig winterharte Pflanzen im Beet mit einem Winterschutz versehen. In

Kübeln gezogene Pflanzen ziehen je nach Winterhärte ins Gewächshaus oder in den Folientunnel, in den Keller, auf die Terrasse oder in einen unbeheizten Raum im Haus um.

Ausgefallene Herbstgemüse und -früchte

Sie mögen ausgefallene Gemüse- und Obstarten? Dann sind die **Kapstachelbeere**, die **Tamarillo (Baumtomate)** und die **Chayote** das Richtige für Sie! Erstere ist eine Kurztagpflanze, deren Früchte erst sehr spät reifen – und manchmal macht sie zuvor der erste Frost zunichte. Die **Tamarillo** *(Cyphomandra betacea)* bringt im Herbst etwa eiergroße, säuerlich-aromatische Früchte hervor. Der baumartige Strauch ist nicht frosthart und muss daher im Kübel gezogen werden und wie Zitrusfrüchte im Haus überwintern. Die **Chayote** ist eine kräftig rankende Pflanze, die im Oktober große, blassgrüne birnenförmige Früchte trägt. Ihr Geschmack erinnert an Zucchini.

Bei Temperaturen über dem Gefrierpunkt **Obstbäume** schneiden, sobald sie die ersten Blätter abwerfen; dabei mit dem Steinobst beginnen.

Eine bekannte französische Bauernregel lautet: „Pflanz einen Baum zu Sankt Kathrein (25. November), so werden gut die Wurzeln sein.“ Tatsächlich sind Oktober und November die besten Monate, um als winterhart bekannte **Obstbäume** und **-sträucher** zu pflanzen.

Gießen müssen Sie in dieser Jahreszeit allenfalls noch sporadisch, selbst unter Glas oder Folie. Daher außen liegende Behälter und Rohre leeren, die sonst durch Frost platzen könnten, und Gießkannen sowie die sonstigen Gerätschaften zum Gießen wegräumen. Das Wasser aus den Regentonnen am Fuß von nicht neu gepflanzten **Obstbäumen** ausgießen, um den Boden bis in die Tiefe zu durchfeuchten. Über den gesamten Winter das Regenwasser aus Dachrinnen und Fallrohren auffangen und direkt im Garten ausgießen, um die Wasserreserven des Bodens aufzufüllen.

Jung, wüchsig und wurzelnackt

Wählen Sie für die Pflanzung einjährige (ein Jahr nach der Veredelung) oder höchstens dreijährige Jungbäume. Diese wachsen schneller an und haben, wenn sie im Herbst gepflanzt werden, bis zum Beginn der Vegetationsperiode im nächsten Frühjahr schon kräftige Wurzeln gebildet. Ältere Exemplare, die in den Baumschulen früher „Ladenhüter" genannt wurden, benötigen wesentlich mehr Zeit zur Bewurzelung und damit auch, bis sie sich selbst mit Wasser aus dem Boden versorgen können – Früchte bilden sie jedoch keineswegs früher aus. Bevorzugen Sie stets einen im Freiland gewachsenen Baum, der wurzelnackt verkauft wird. Er entwickelt sich ebenso rasch wie ein Containerbaum, wächst jedoch letztlich standfester an.

Gartenarbeiten Oktober/November

J	F	M	A	M	J	J	A	S	O	N	D	
							■	■	■			Zu Beginn der Periode den letzten **Spinat** und **Feldsalat** für die Ernte am Ende des Winters und im Frühjahr aussäen.
								■	■			**Phacelia** und andere im Sommer ausgesäte **Gründünger** vor der Samenbildung abmähen. Ebenso **Brachen** und (nun nicht mehr blühende) **Blumenwiesen** abmähen.
									■	■		Mehrjährige, schwach winterharte Kräuter wie **Estragon** und **Zitronenverbene** zurückschneiden und dick mit Stroh abdecken.
									■	■		Ende der Pflanzzeit von **violettem Knoblauch** (etwa „Primor", „Germidour"), **Winterschalotten** „Griselle" und **Winterzwiebeln** wie „Senshyu Yellow".
									■	■		Den im September in Anzuchtschalen unter Glas oder Folie ausgesäten **Wintersalat** ins Beet auspflanzen.

J	F	M	A	M	J	J	A	S	O	N	D	
									■	■		**Herbstrüben**, **Kohlrabi**, **Rote Bete** und **Winterrettich** im Keller oder Erdkeller frostfrei einlagern.
									■	■		Als letzten **Gründünger Rübsen** und **Gelbsenf** aussäen.
									■	■		Den Fuß von **Artischocken**pflanzen mit Herbstlaub, Erde und trockenem Stroh anhäufeln.
									■	■		Die angehäufelte Erde von **weißem Spargel** einebnen und die vertrockneten Stängel abschneiden; anschließend die Reihen mit verrottetem Mist bedecken. Diesen auch am Fuß der Pflanzen von **grünem** und **violettem Spargel** ausbringen, bei denen das Entfernen des Erdhügels entfällt.
									■	■		Einen schönen Herbsttag nutzen, um **Garten-Brombeeren**, **Johannisbeer**- und **Himbeersträucher** zu schneiden.
									■	■		**Apfel**- und **Birnbäume**, **Kirsch**-, **Pfirsich**-, **Pflaumen**- und **Aprikosenbäume** sowie **Himbeer**-, **Schwarze** und **Rote Johannisbeer**-, **Stachelbeersträucher**, **Felsenbirnen** und generell alle als winterhart bekannten Obstbäume und sträucher pflanzen.
■	■	■	■						■	■	■	Im Keller regelmäßig die Wurzeln von **Chicorée** („Witloof") und **Blattzichorie** („Kapuzinerbart") vortreiben, die im letzten Juni gesät wurden (dies ist ebenso mit **Radicchio** „Rosso de Treviso" und **Kulturlöwenzahn** „Riesentreib" möglich).
■	■									■	■	Wird es am Herbstende kalt, den **Winterportulak** mit Frühbeetvlies abdecken, um sein Wachstum zu beschleunigen.

J	F	M	A	M	J	J	A	S	O	N	D	
												Bei einer angekündigten Kältewelle **Herbstsalate**, **kopfbildende asiatische Kohlarten**, **glatte** und **krause Endivien**, **Radicchio** und **Zuckerhut** mit Frühbeetvlies abdecken, ebenso **Blattsenf**, und **nicht kopfbildenden asiatischen Kohl**.
												Estragon und alle **ausdauernden Kräuter**, die gegenüber strengem Frost empfindlich sind, dick mit Herbstlaub oder Stroh anhäufeln.

„Ob Regen, Wind oder Sonnenschein …“

Wurzelnackt gepflanzte Sträucher bilden ihr Wurzelwerk schneller aus als Containerware und müssen daher in der Folgezeit seltener gegossen werden. Dennoch benötigen sie bei der Pflanzung eine Wasserzufuhr, damit die Erde besser an den Wurzeln haftet und diese besser anwachsen. Und zwar unabhängig davon, welches Wetter am Pflanztag herrscht! „Ob Regen, Wind oder Sonnenschein, neu Gepflanztes will gegossen sein“, sagt man in Frankreich. Dies gilt auch – und vor allem – in Zeiten des Klimawandels.

Kulturen unter Glas oder Folie

Im Gewächshaus und im Folientunnel wird weiterhin geerntet, sowohl die im Sommer gesäten oder gepflanzten **Gemüse** und **Kräuter** als auch die im September begonnenen Kulturen. Wann die Ernte zu Ende ist, wird durch die jeweiligen klimatischen Bedingungen eines Jahres bestimmt (2022/2023 war dies im Dezember, 2019/2020 und 2020/2021 Ende Januar). Auf der durch die Melonenernte frei gewordenen Fläche werden nun die im Sommer aus Stecklingen vermehrten jungen **Kräuter** untergebracht, die im kommenden Frühjahr ausgepflanzt werden.

Im Gewächshaus oder Folientunnel dauert die Ernte von **Tomaten**, **Auberginen** und **Paprika** ein bis zwei Monate länger als im Freiland.

Sobald für draußen Nachttemperaturen unter -3 °C angekündigt sind, die letzten **Tomaten** grün ernten, um sie im Haus nachreifen zu lassen.

Die jungen Sprosse von **Rucola**, **Gartenkresse**, **Blattsenf**, **Mizuna** und **Pak Choi** aus der Aussaat im September ernten.

Den im September unter Glas oder Folie vereinzelten **Kopfsalat** nach Bedarf und Größe ernten.

t **Frostempfindliche Pflanzen** und die im Sommer vermehrten **Jungpflanzen** im Gewächshaus oder Tunnel unterbringen. Mit einem Vliesschutz abdecken, wenn der Wetterbericht Frühtemperaturen zwischen 0 °C und -3 °C vorhersagt. Bei unter -3 °C die Vlieslage verdoppeln oder verdreifachen, bei unter -8 °C zusätzlich eine Strohschicht auf dem Vlies ausbringen, die umso dicker ist, je tiefer die Temperaturen fallen.

Trick 17: Der Erdkeller

Ein Erdkeller ist eine Grube, die in einer geschützten Ecke des Gartens oder unter dem Folientunnel ins Erdreich gegraben, mit trockenem Stroh ausgestreut und mit einem Trittblech oder einer stabilen Polycarbonatplatte abgedeckt wird. Dort können Sie den ganzen Winter über **Rote Bete**, **Kohlrabi**, **Herbstrüben**, **Winterrettich** und generell alle wenig bis gar nicht winterharten **Gemüseknollen** und -**wurzeln** lagern. Selbst **Lagerkartoffeln** können Sie hier unterbringen. Der Bau eines Erdkellers ist natürlich etwas mühsam, doch die diversen Knollen- und Wurzelgemüse halten sich darin besser und länger als im gewöhnlichen Keller.

Register

MIX
Papier | Fördert gute Waldnutzung
FSC® C110508

Impressum

Herausgegeben von Éditions Rustica, Paris
Originaltitel Adapter mon potager au changement climatique

LV.Buch im Landwirtschaftsverlag GmbH
Hülsebrockstr. 2–8, 48165 Münster
+49 2501 801-0
www.lv.de

1. Auflage 2025

Übersetzung: Katrin Marburger
Leitung: Guillaume Pô
Redaktionelle Leitung: Elisabeth Pegeon
Redaktion: Liza Person-Lisiecki
Künstlerische Leitung: Julie Mathieu
Grafikdesign und Layout: Anne Bordenave
Satz: Anne Gäng, LV Media Pro im Landwirtschaftsverlag GmbH
Herstellung: LV Media Pro im Landwirtschaftsverlag GmbH,
Anja Luszek-Hoffmann (Ltg.), Ingo Feyka
Druck: Westermann Druck, Zwickau

ISBN 978-3-7843-5792-8

www.lv-buch.de